Research on the Metallogenic Regularities and
Metallogenic Prognosis in the Zhacun Au Deposit,
Weishan, Yunnan Province

云南巍山县扎村

金矿床成矿规律与成矿预测研究

丁星妤 杨广全 胡文君 ⊙ 著

中南大学出版社
www.csupress.com.cn
·长沙·

内容简介

　　本书以成矿系统论、矿物学、构造地质学、地球化学、成矿学、成矿预测学等领域理论为指导，结合扎村金矿区地质、物探、化探、遥感等成果的综合分析和总结，以扎村金矿区为研究对象，在充分研究前人工作成果的基础上，发掘出有重要理论意义和实用价值的创新突破点。本书系统介绍了云南省扎村金矿床地质特征，开展了对扎村金矿区成矿作用与碱性斑岩体之间关系的深入研究，进一步探寻深部存在隐伏斑岩体的可能，且分析了扎村金矿区主要元素和微量元素地球化学特征、流体包裹体的性质及温度、盐度等参数，全面总结并梳理了云南省扎村金矿区成矿规律、控矿因素和找矿标志，并进行了成矿预测，同时系统研究了扎村金矿区成矿系统、地球化学特征及矿床成因，并构建了扎村金矿区成矿系统模型，为进一步指导扎村金矿区外围、深部及区域找矿工作提供重要支撑。通过对扎村金矿区典型矿床的剖析研究，对该区寻找类似于扎村金矿床或其他类型的矿床起到一定的借鉴作用，具有科学理论研究意义。本书可供从事地质矿产勘探的科技人员、工程技术人员学习参考。

作者简介

丁星妤，女，1982年生，汉族，博士研究生，高级工程师，目前任教于湖南城市学院。2007年毕业于中南大学地质工程专业，获硕士学位。2012年毕业于中南大学矿产普查与勘探专业，获博士学位；2008年9月—2017年7月就职云南省国土资源规划设计研究院，主要从事地质、矿产资源类，以及矿山生态修复等工作；2017年7月—2019年7月在中南大学完成博士后研究工作；2019年7月至今就职于湖南城市学院土木工程学院。主持湖南省自然科学基金项目1项；先后主持或参与科研项目20余项，其中省部级项目9项，市厅级项目11项；获部级优秀成果奖一等奖3项，二等奖4项；参与撰写著作2本；已在学术期刊上发表论文10余篇，其中SCI、EI收录3篇；已授权实用新型专利9项。

杨广全，男，1963年生，汉族，博士研究生，正高级工程师，云南省重点工程评审中心专家。1985年毕业于成都地质学院地质学专业，2009年毕业于中国地质大学(北京)矿物学、岩石学、矿床学专业，获博士学位；1985—2017年先后担任地质矿产部印尼专家组成员、怒江州地质矿产局副局长、云南省国土资源规划设计研究院院长等职务，主要从事矿产地质、水文地质、地质灾害勘察评价、国土规划等方面的研究工作，2017年5月至今任云南卓恒国土研究有限公司技术总监，主要从事国土空间规划、矿产资源规划、生态修复治理等方面的研究工作。参与了地质找矿"358"项目、国家科技支撑计划项目，主持了自然资源部及中国地质调查局综合研究项目等，其中，"云南省巍山县扎村金矿详查地质报告"获部找矿三等奖，"印度尼西亚TALAKIT金矿详查地质报告"获印度尼西亚SUPA公司找矿特殊奖。在学术期刊发表论文6篇。

胡文君，女，1984年生，云南省地质环境监测院高级工程师，长期从事生态修复、环境地质、城市地质研究工作。2007年毕业于吉林大学水文与水资源工程专业，获学士学位，2014年毕业于中国地质大学(武汉)地质工程专业，获工程硕士学位，2008年至今就职于云南省地质环境监测院。2019年入选昆明市中青年学术和技术带头人后备人才(环保与生物创新产业组)，任云南省国土空间生态修复在库专家、云南省绿色矿山建设评估在库专家。先后主持承担国家级、省市级重大项目9项，直接参与其他重大项目20余项。在国内外水工环期刊上以第一、第二作者身份发表论文6篇，参与省市级地方标准制定两项。

前　言

扎村金矿区位于滇西"三江"地区，区内成矿地质条件优越，金、银、铜、铅、锌、锑等矿产资源丰富，矿床类型多样，找矿前景广阔，是云南省重要的金属和贵金属成矿带之一，且区内的金矿床明显受我国重要的哀牢山—金沙江富碱侵入岩带的控制，故区内是寻找金矿床的有利地段。为了查清矿区的深部和外围金矿资源潜力，适应矿山可持续发展需要，开展了扎村金矿区找矿预测研究工作。通过开展此研究工作，取得了一定的成果和初步的认识：

（1）根据前人研究成果及认识，总结和研究了扎村金矿区区域成矿地质背景、矿区地质特征、含金破碎带特征，以及扎村金矿床地质特征、矿体特征、矿石的矿物组成、结构、构造、类型等。

（2）对矿床地球化学特征的研究表明，本区成矿物质具有多来源的特点，矿床中与金矿化密切相关的黄铁矿的硫同位素组成以及石英包体中的氢、氧同位素组成，均表明矿质具幔源和壳源的混合来源特征，并认为本区矿质来源与喜马拉雅期岩浆（斑岩）活动有直接关系。

（3）大莲花山石英二长斑岩岩浆活动对本区成矿有直接作用，既是重要的矿源和流体来源，又是驱动成矿流体循环的主要热源。

（4）结合区域成矿地质背景、区内成矿作用与碱性斑岩的关系分析及各成矿要素特点首次得出扎村金矿区属热液（水）成矿系统类，并构建了扎村金矿区成矿系统模型。

（5）本书对扎村金矿床与卡林型金矿床成因做出了详细的分析对比，并列出了其相似和不同之处。而后通过对扎村金矿成矿条件、金矿化过程及矿床成因机制的分析，认为本区矿床成因类型为岩浆热液型中-低温型金矿床，并非卡林型金矿床。

（6）通过 1:25 万磁异常和遥感解译分析，认为该区存在隐伏斑岩体，且存在隐伏构造作为良好的通道，为该区寻找金成矿有利地段提供了新的思路和方向。

（7）本书根据对扎村金矿区地质特征、成矿系统、矿床成因、成矿规律、找矿标志、物化遥特征等综合信息的研究，在扎村金矿区圈出 6 个找矿靶区，其中 A 类找矿靶区 2 个，B 类找矿靶区 1 个，C 类找矿靶区 3 个。认为红花园和扎村金矿—西鼠街—大莲花山一带是寻找金矿的有利地段。值得注意的是，在扎村金矿—大莲花山—西鼠街一带均存在出露的碱性斑岩体和隐伏斑岩体，这些岩体可提供成矿作用的驱动能量，并有隐伏断裂为区内含矿热液提供良好的运矿通道，故在该带内有望通过进一步工作发现新的金矿化富集地段。

本书的研究工作获得了湖南省自然科学基金（2020JJ5015）、湖南城市学院土木院等的经费资助。在本书的编写过程中，得到了云南省国土资源规划设计研究院包从法、普志坤、李炜、马劼等高级工程师在数据、图件处理和文字校核方面给予的大力帮助。本书的出版得到了中南大学出版社的支持。在此一并表示诚挚的谢意。

由于笔者水平有限，书中难免存在不足和纰漏，恳请读者批评指正。

丁星妤
2021 年 3 月于湖南长沙

目 录

第1章 绪 论 ……………………………………………………… (1)

1.1 研究意义 …………………………………………………… (1)

1.2 国内外研究现状 …………………………………………… (2)

    1.2.1 成矿系统研究 ………………………………………… (2)

    1.2.2 成矿预测发展研究 …………………………………… (4)

1.3 扎村金矿区研究现状概述 ………………………………… (6)

    1.3.1 扎村金矿区勘查历史及研究现状 …………………… (6)

    1.3.2 以往研究中存在的主要问题 ………………………… (8)

1.4 研究内容及主要工作量 …………………………………… (8)

    1.4.1 研究内容 ……………………………………………… (8)

    1.4.2 完成的主要工作量 …………………………………… (8)

    1.4.3 取得的主要成果 ……………………………………… (9)

第2章 区域成矿地质背景 ……………………………………… (11)

2.1 区域地质格架 ……………………………………………… (11)

2.2 区域大地构造背景 ………………………………………… (12)

    2.2.1 大地构造位置 ………………………………………… (12)

    2.2.2 大地构造之演化 ……………………………………… (14)

2.3 区域地质 …………………………………………………… (15)

    2.3.1 区域地层 ……………………………………………… (18)

    2.3.2 区域构造 ……………………………………………… (20)

    2.3.3 岩浆岩 ………………………………………………… (23)

    2.3.4 区域地球化学特征 …………………………………… (25)

　　　2.3.5　变质作用及蚀变作用 ·················(29)

　　　2.3.6　区域矿产 ·····························(31)

第3章　矿区地质 ···································(33)

　2.1　地层 ·······································(33)

　　　3.1.1　三叠系(T) ·························(33)

　　　3.1.2　侏罗系(J) ·························(35)

　　　3.1.3　第四系(Q) ·························(36)

　3.2　构造 ·······································(37)

　　　3.2.1　断裂 ······························(38)

　　　3.2.2　含金破碎带 ························(40)

第4章　矿床地质特征 ·······························(50)

　4.1　矿床特征 ···································(50)

　　　4.1.1　赋矿部位 ··························(50)

　　　4.1.2　矿化带特征 ························(50)

　4.2　矿体特征 ···································(51)

　　　4.2.1　扎村矿段矿层划分 ··················(51)

　　　4.2.2　扎村矿段金矿体特征 ················(54)

　　　4.2.3　上黄山矿段金矿体特征 ··············(59)

　　　4.2.4　围岩及夹石特征 ····················(59)

　4.3　矿石特征 ···································(60)

　　　4.3.1　矿石矿物组分及主要矿物特征 ········(60)

　　　4.3.2　矿石结构、构造 ····················(70)

　　　4.3.3　矿石矿物共生组合、矿物生成顺序及成矿阶段划分·······(72)

　　　4.3.4　矿石类型 ··························(74)

　　　4.3.5　矿石的氧化特征 ····················(75)

第5章　矿床地球化学特征 ···························(77)

　5.1　硫同位素特征 ·······························(77)

　5.2　氢、氧同位素特征··························(79)

5.3 铅同位素特征 ……………………………………………………… (81)

5.4 包裹体物理化学特征 ………………………………………………… (82)

    5.4.1 包裹体的类型、形态及分布特征 ………………………………… (82)

    5.4.2 包裹体成分 ……………………………………………………… (83)

    5.4.3 包裹体测温 ……………………………………………………… (85)

    5.4.4 成矿流体演变过程 ……………………………………………… (86)

5.5 微量元素地球化学特征 ……………………………………………… (87)

    5.5.1 区内各类岩石微量元素的背景分布特征 ……………………… (87)

    5.5.2 含金破碎带中微量元素分布特征 ……………………………… (87)

第6章 成矿系统及矿床成因 ……………………………………………… (91)

6.1 成矿系统 ……………………………………………………………… (91)

    6.1.1 区内成矿作用与碱性斑岩的关系 ……………………………… (91)

    6.1.2 成矿要素分析 …………………………………………………… (95)

    6.1.3 成矿系统模型 …………………………………………………… (96)

6.2 矿床成因 ……………………………………………………………… (97)

    6.2.1 成矿物质来源 …………………………………………………… (97)

    6.2.2 金及伴生元素 Hg、Sb、As 的迁移形式 ……………………… (98)

    6.2.3 成矿机制探讨 …………………………………………………… (98)

    6.2.4 矿床成因类型 …………………………………………………… (99)

第7章 成矿预测 …………………………………………………………… (102)

7.1 矿区物化遥自然重砂特征 …………………………………………… (102)

    7.1.1 地球物理特征 …………………………………………………… (102)

    7.1.2 地球化学特征 …………………………………………………… (105)

    7.1.3 遥感解译特征 …………………………………………………… (106)

    7.1.4 自然重砂 ………………………………………………………… (106)

7.2 成矿规律 ……………………………………………………………… (109)

    7.2.1 控矿因素 ………………………………………………………… (109)

    7.2.2 金矿化富集规律 ………………………………………………… (110)

    7.2.3 成矿控矿规律 …………………………………………………… (110)

7.3 找矿目标 ·· (112)

    7.3.1 找矿标志 ··· (112)

    7.3.2 找矿方向 ··· (113)

7.4 成矿预测 ·· (113)

    7.4.1 成矿远景区划分依据 ························· (113)

    7.4.2 找矿靶区圈定 ······························· (114)

第8章 结论 ··· (126)

参考文献 ·· (129)

附 图 ··· (137)

第1章 绪 论

1.1 研究意义

矿产资源是人类生存和社会发展的重要物质基础，从侧面反映出一个国家的国际、政治、经济地位。近几十年来，随着工业化和城市高速发展、人口快速增长，以及科学技术的突飞猛进，社会经济对矿产资源的依赖性越来越强，世界各国对矿产资源的战略地位认识更为突出[1]。在我国，资源消耗所引起的矿产资源供需矛盾越来越突出，许多矿产资源探明总量不足，人均量少[2]。因此，面对找矿难度越来越大的今天，如何挖掘我国资源潜力、扩大保有资源储量，满足我国经济快速增长的需要成为每个地质工作者不可推卸的责任。

金矿是我国的紧缺资源，黄金具有货币和商品双重职能，其保证国家经济安全、国防安全和规避金融风险的作用也是任何物品所无法替代的。而且随着现代工业的发展和人民生活水平的提高，黄金在航天、航空、电子、医药等高新技术领域和饰品行业有着广泛的应用前景[3]。

扎村金矿区位于滇西"三江"地区，区内成矿地质条件优越，金、银、铜、铅、锌、锑等矿产资源丰富，矿床类型多样，找矿前景广阔，是云南省重要的金属和贵金属成矿带之一，且区内的金矿床明显受我国重要的哀牢山—金沙江富碱侵入岩带的控制，故区内是寻找金矿床的有利地段。为了查清矿区深部和外围金矿资源潜力,适应矿山可持续发展需要,本书对扎村金矿区开展了找矿预测研究工作。

选择扎村金矿区作为本书研究对象,具有以下几方面的重要意义:一是通过研究扎村金矿区成矿作用与碱性斑岩的关系,推测深部存在隐伏斑岩体的可能,以及本区岩浆活动与成矿的关系,为区内找矿提供重要线索;二是通过研究扎村金矿区的地质特征、地球化学特征、区内成矿作用与碱性斑岩的关系、矿床成因以及成矿规律,构建扎村金矿区成矿系统模型,为扎村金矿区深部及外围找矿预测提供理论和实际指导,以及进行有针对性的合理预测及提高找矿实效,均具重要的实际意义;三是为西部大开发的经济可持续发展提供了良好的资源储备。四是希望能以点带面,通过对扎村金矿区典型矿床的剖析研究,对该区寻找类似于扎村金矿床或其他类型的矿床起一定借鉴作用,具有科学理论研究意义。

1.2 国内外研究现状

1.2.1 成矿系统研究

成矿系统研究是系统科学方法在矿床学中的一种创新性应用,它是在矿床组合、成矿系列等研究的基础上发展起来的,体现了现代矿床学向系统化、全球化发展的一种趋势,拓宽了矿床学研究领域,给矿床学研究注入了新的活力[4]。成矿系统是在成矿系列的概念基础上发展和深化而来的。在我国自1978年以来深入探索而且相当普及的成矿系列研究也属于这一方面的重要进展(程裕淇[5],翟裕生[6])。李人澍[7]在其专著《成矿系统分析的理论与实践》中,建立了成矿系统框架,对成矿系统的研究方法进行了初步总结,於崇文[8]从成矿作用动力学的角度对成矿系统的形成过程和机理做了深入分析。

1. 成矿系统的定义

成矿系统一词最早出现在1973年出版的俄文地质辞典[9]中,它被解释为"由成矿物质来源、运移通道和矿化堆积场所组成的一个自然系统"。之后马祖洛文[10]、森雅克夫[10]、契克夫和贾奎斯[11]以及我国学者於崇文[12]、李人澍[7]等也先后有过关于成矿系统的论述。翟裕生[13-14]提出"成矿系统是指在一定的时空域中,控制矿床形成和保存的全部地质要素和成矿作用动力过程,以及所形成的矿床系列、异常系列构成的整体,是具有成矿功能的一个自然系统"。成矿系统的概念中包括了控矿因素、成矿作用过程、形成的矿床系列和异常系列，以及成矿后变化保存等四方面基本内容，体现了矿床形成有关的物质、运动、时间、空间、形成、演化的统一性、整体性和历史性。

2. 成矿系统的结构[14-15]

成矿系统的结构一般包括四个部分：

(1) 成矿要素，即矿源、流体、能量、时间、空间；

(2) 成矿作用过程，即成矿的发生、持续和终结；

(3) 成矿的产物(结果)，即由不同成因类型组成的矿床系列，以及由地质、地球物理、地球化学等异常组成的异常系列；

(4) 矿床形成后的变化、改造和保存。

从狭义上看，成矿系统的内涵只包括前三者，即源—运—储的过程。

一个系统由诸要素组成，各要素之间既互相独立，又互相联系。各个要素在系统中的地位和作用是不同的，有的处于主导地位，有的处于从属地位，但都是系统中不可缺少的部分。成矿系统中的基本要素有：

①成矿物质，成矿物质来源包括地幔源、地壳深部源、地壳表层源、地面来源及宇宙源等；

②成矿流体，包括来源于大气降水、地层水、岩浆水、海水、变质水和幔源的流体等；

③成矿能量，即矿化向成矿的转变，需要自然力的驱动，包括构造应力驱动、热驱动、地形驱动(重力差)、地层围压驱动及高压流体库的突发喷流作用等；

④成矿流体的输运通道，即成矿流体运移的路径，也称为运移场或中介场[7]。输运通道包括岩石孔隙中的成矿流体运移、断裂和裂隙中的成矿流体运移等形式；

⑤矿石堆积场地，即矿床地位场所，也称储矿场。在金属成矿学中称成矿圈闭[16]或场地准备[17]。最常见的储矿场包括断裂裂隙构造，尤其是不同断裂的交叉部位和两种地质体的接触部位，如不同地层岩性界面、地层不整合或假整合面、岩体与地层接触带，以及不同期次侵入岩体之间的接触面、背斜构造鞍部等。在一个成矿系统中，矿石堆积场地一般有多个，每一个场地可成为一个矿床，这些矿床可是同成因类型，也可是不同成因类型，视其具体的构造岩石环境和成矿方式而定。

3.成矿系统的基本类型

按成矿机理划分为五个基本的成矿系统类,分别为岩浆成矿系统类、热液(水)成矿系统类、沉积型成矿系统类、生物成矿系统类和改造成矿系统类(或叠加改造成矿系统类)。

4.成矿系统研究对本专著的指导意义

(1)对推动区域找矿具有重要意义

成矿系统研究主要是区域成矿系统研究,可以提高区域成矿规律的认识水平,把握区域成矿的整体特征,从而可从全局上提高找矿预测能力。

(2)对深部找矿具有重要的研究意义

研究成矿系统对已知矿床的深部探矿和寻找新类型矿床均有重要意义。从成矿系统的角度看,需要研究的问题是:①成矿系统中发育的矿床类型及其空间结构;②成矿系统中矿床的产出深度及产出状态;③成矿系统矿化网络被破坏的程度;④成矿系统的综合异常主要是异常的垂直分带特征,包括其在浅表的显示等。掌握上述信息对找寻深部矿床很有帮助[18-20],因此,通过对成矿系统的研究有助于对一个区域中深部资源的全面整体评价和预测。

1.2.2 成矿预测发展研究

成矿预测是在基本理论的指导下,根据一定的成矿地质理论、成矿地质环境、成矿条件、控矿因素和找矿标志对还没有而将来可能或应当发现的矿床做出推断、解释和评价,提出潜在的矿床发现的途径,从而发现矿床和对潜在的资源量进行评价[21-23]。成矿预测的对象是隐伏矿体、盲矿体和难以识别的矿产,研究它们的成矿背景、成矿条件、成矿信息及成矿规律,并在此基础上根据相似类比理论、地质异常理论和综合控矿理论,运用合适的成矿预测方法,进行所需比例尺的成矿预测研究,圈定找矿靶区,预测资源储量[24]。

1.成矿预测发展概述

成矿预测作为对各种成矿信息进行深入研究和综合分析的重要手段,一直为国内外从事矿产勘查的学者所关注。国外从20世纪50年代起,就开始了对此问题的系统研究,苏联地质学家为该学科的发展做了许多开创性的工作。我国在20世纪50年代以前,以经验性定性预测方法为主,自60年代开始,逐渐引入各种统计分析方法和电子计算机处理技术,使定量预测方法得到发展,到80年代,我国一些成矿预测方法学学者在成矿预测实践中，也先后提出了一些具有我国特点的方法[25]。现在主要的成矿预测理论与方法有：赵鹏大院士提出的相似类比预测理论[26]、地质异常预测理论[27-31]；朱裕生提出的经验类比法[32]、地质-地球物理法、地质-地球化学法、综合技术法；程裕淇等[33-36]根据我国矿床区域成矿规律提出的成矿系列的概念和理论；国际上，以 DPCox 和 DASinger 为代表，国内以陈毓川、张贻侠、裴荣富、翟裕生等为代表，他们都对矿床模式进行了系统论述[37-39]，提出了矿床成因模式理论；随着计算机信息技术的高速发展，GIS 技术为实现地质、物探、化探和遥感等各种地学信息的综合推断解释及定量评价提供了强有力的研究手段，建立了综合信息成矿预测理论[40-43]；近几年来，兴起的集计算机科学、数学、神经学等学科为一体的综合交叉学科——人工神经网络在成矿预测中的应用也取得了一定成果[44-48]。

上述成矿预测理论与方法虽有待进一步完善的地方，但都为矿床的成矿预测提供了重要指导。

2. 成矿预测的发展趋势

在找矿难度日益加大和现代测试技术日益精密的今天，从矿产预测的研究及其进展，可以看到成矿预测研究出现以下趋势[49-52]：

（1）跨学科和高新技术的引进推动成矿预测研究。利用地质、地球化学、地球物理、遥感等资料，结合构造成矿学、构造地球化学、流体地质学、成矿动力学、非线性科学等，通过计算机模拟成矿过程，探索和研究热液成矿系统的演化、协同与变化规律，揭示矿体的空间就位机理、定位规律，以进一步探索成矿机理，为成矿预测服务；随着科学技术的飞速发展，出现了许多新的观测手段和实验技术，使我们可以连续不断地获得目标体的各种信息，并进行定量的测量和分析，同时现代信息科学的发展，促使矿产预测由成矿信息的静态描述转向对过程的多维动态的定量表达。

（2）成矿预测学正在经历从研究基于成矿环境的找矿理论，向研究基于成矿巨量金属聚集的找矿理论转变，从研究地表信息向研究深部信息往地表的传输过程和传输到地表以后的再分散富集机理转变，从发现和识别局部异常向发现和识别大规模地球化学异常模式转变。

（3）从寻找和发现易识别、易发现的矿床向寻找难发现、难识别的矿床转变；从成矿预测对区域远景区的圈定和评价向对深部隐伏矿床（体）的"定位"预测方向发展。

（4）成矿预测尤其是隐伏矿定位预测正在从以分析为主向分析与综合相结合方向发展。由于成矿系统从微观到宏观都呈现复杂系统的特征，因而应用多种手段以及综合信息方法对成矿系统进行系统性与综合性的分析，建立高精度综合成矿预测信息模型将是成矿预测发展的一个必然趋势。

（5）矿床模式方面，从成矿模式向勘查模式发展，从单一模式向综合找矿模式发展，由图表、文字模式向数字模式发展，从成矿系列与成矿系统向勘查系统发展。

总之，成矿预测的研究，一方面继续沿原有的学科结构进一步分化和深入；另一方面将向着更综合系统化方向发展，呈现多学科综合交叉方向发展[53]。

1.3 扎村金矿区研究现状概述

1.3.1 扎村金矿区勘查历史及研究现状

扎村金矿区属巍山县鼠街乡岩子脚村所辖。地理坐标为东经100°06′42″—100°08′30″，北纬25°13′18″—25°15′12″，面积约7 km²。矿山南缘的岩子脚村有乡村公路通往巍山县城，公路里程为52 km，其北西侧三合洞村则有23 km的乡村公路可至大仓街，与大理市—南涧县公路相连。岩子脚、三合洞两村至矿山均为简易矿山公路，交通较为方便（交通位置图见图1-1）。

自1960年以来，云南省地质局原滇西南地质大队、大理州地质局、云南省地质局区域地质测量队、第一区测队、第十二地质队、第三地质大队等单位，对区内锑、汞、砷、金以及其他矿产资源进行了不同程度的调查和普查工作。现将与金矿资源有关的地质工作简述如下：

1960年，云南省地质局区域地质测量队先后进行了1∶100万大理幅和1∶20万巍山幅的地质、矿产调查工作，于1975年提交了1∶20万巍山幅区域地质调查报告。在本区首次圈定出面积达35 km²的17号岩子脚黄金重砂异常。

1965—1971年，云南省地质局第十二地质队在开展巍山县大白岩、罗旧村及黑龙潭汞矿普查期间，在矿区岩子脚地段做1∶1万自然重砂测量工作，圈定出上黄山黄金重砂异常区，为岩子脚—上黄山一带进行金的找矿工作提供了依据和地质资料。

1984—1987年，云南省地矿局第三地质大队开展了1∶5万大仓幅、蛇街幅的地质、矿产调查工作，于1987年提交了上述测区的区域地质调查报告。对区内

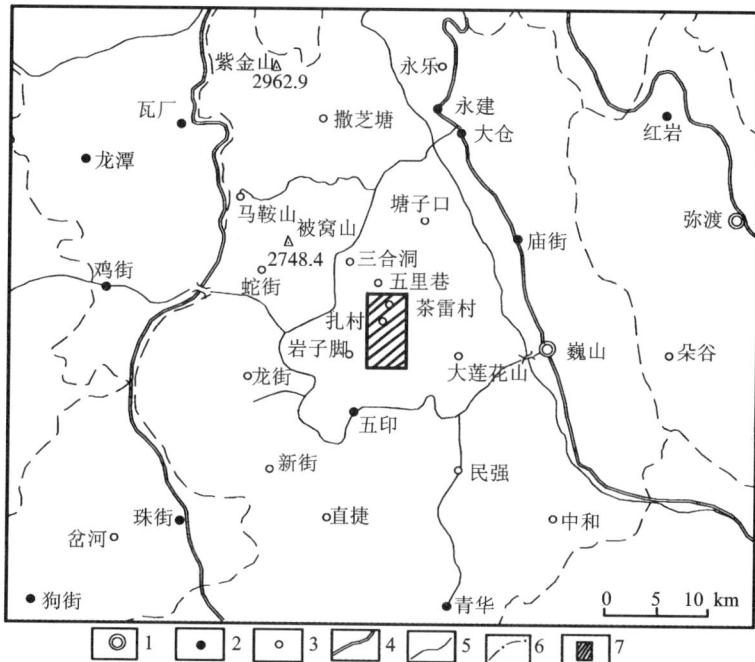

图 1-1 扎村金矿区交通位置图

1—县名；2—乡(镇)名；3—村名；4—公路干线；5—公路支线；6—市、县界；7—矿区范围

的汞、锑、金、砷及其他矿产进行了不同程度的检查评价工作，其中金矿床和金矿点有6个，主要分布在紫金山复式背斜的轴部或附近次级背斜内，矿化受断裂控制明显，并将上黄山—五里巷划为金的Ⅰ级预测区。

1982—1990年10月，云南省地质矿产局第三地质大队对扎村金矿进行了矿产普查。在南起上扎村，北至阿皮洒都长约2.5 km，宽约1 km范围内，采用1:2000地形地质简测，配合槽探、井探、坑探、钻探的系统揭露控制以及各类测试样品的采集和综合研究工作，大致查明了矿区的构造格局；理清了地层层序及其分布特征；对控矿构造——含金破碎带在区内的分布范围、规模、形态和产状已大致查明。

2005年，云南地矿资源股份有限公司提交了《云南省巍山县五里巷—茶雷村金矿预查报告》；四川省冶金地质勘查院到矿区进行调研，主要在扎村金矿外围布置、施工了少量槽探工程，进行采样、化验，对前人工作成果进行了初步核实、验证；同时开展了1:1万地质草测和1:2000地质剖面测量，获得了一定的地质成果，并提交了《云南省巍山县红花园金矿预查报告》，为工作的开展奠定了一定的基础。

2007年，四川省冶金地质勘查局六0六大队巍山项目组在扎村金矿外围开展了1:1万地质草测，大致查明了扎村金矿外围地层、构造，并根据赋矿地层、构造和矿化点的分布特征。

2008年，云南地矿资源股份有限公司对五里巷—茶雷村金矿进行了普查工作；四川省冶金地勘局六0六大队进行了云南省巍山县红花园金矿普查地质工作。

1.3.2　以往研究中存在的主要问题

前人大量的研究工作积累了丰富的科研成果，对扎村金矿区成矿地质背景、矿床地质特征、矿床地球化学特征及成矿规律等提出了一系列的观点，对扎村金矿区的勘查工作起到了积极的指导作用。但总的来说，对扎村金矿区研究程度较低，如区内成矿作用与侵入岩的关系、深部是否有隐伏岩体的存在、成矿系统、矿床成因、成矿预测等方面还有待进一步研究。

1.4　研究内容及主要工作量

1.4.1　研究内容

本书以成矿系统论、矿物学、构造地质学、地球化学、成矿学、成矿预测学等领域理论为指导，结合扎村金矿区地质、物探、化探、遥感等成果的综合分析和总结，以扎村金矿区为研究对象，在充分研究前人工作成果的基础上，发掘出有重要理论意义和实用价值的创新突破点，深入研究扎村金矿区成矿作用与碱性斑岩的关系，以及深部存在隐伏斑岩体的可能，查明矿体特征，探讨成矿类型、矿床成因及成矿系统，总结成矿规律、关键控矿因素和找矿标志，进行成矿预测，指导扎村金矿区外围、深部及区域找矿工作。

1.4.2　完成的主要工作量

为完成此次的研究工作及本书的撰写，笔者同其他研究成员多次前往扎村金矿区进行实地调研，室内又进行了大量的数据、图件处理等工作，完成的主要工作量如表 1-1 所示。

表 1-1   完成的主要工作量一览表

工作项目	单位	工作量	工作项目	单位	工作量
综合研究报告	份	>35	同位素测试	件	6
路线地质观测	m	1500	微量元素分析	件	12
1:2000 地形地质简测	km²	4.0	矿石化学分析	件	10
野外标本及照片	张	150	图件处理	幅	50
包裹体分析	件	6			

1.4.3 取得的主要成果

(1)根据前人的研究成果，研究了扎村金矿区区域成矿地质背景、矿区地质特征、含金破碎带特征，以及扎村金矿床地质特征、矿体特征、矿石的矿物组成、结构、构造、类型等。

(2)通过对矿床地球化学特征的分析可知，本区成矿物质具有多来源的特点，矿床中与金矿化密切相关的黄铁矿的硫同位素组成以及石英包裹体中的氢、氧同位素组成，均表明矿质具幔源和壳源的混合来源特征，认为本区矿质来源与喜马拉雅期岩浆(斑岩)活动有直接关系。

(3)首次提出大莲花山石英二长斑岩岩浆活动对本区成矿有直接作用，既是重要的矿源和流体来源，又是驱动成矿流体循环的主要热源。

(4)结合区域成矿地质背景、区内成矿作用与碱性斑岩的关系分析及各成矿要素特点首次提出扎村金矿区属热液(水)成矿系统类，并构建了扎村金矿区成矿系统模型。

(5)首次对扎村金矿床与卡林型金矿床成因做了详细的分析对比，并列出了其相似和不同之处。而后通过对扎村金矿成矿条件、金矿化过程及矿床成因机制的分析，认为本区矿床成因类型为岩浆热液型中-低温型金矿床，并非卡林型金矿床。

(6)通过1:25万磁异常和遥感解译分析，首次提出该区存在隐伏斑岩体，且存在隐伏构造作为良好的通道，为该区寻找金成矿有利地段提供了新的思路和方向。

（7）通过对扎村金矿区地质特征、成矿系统、矿床成因、成矿规律、找矿标志、物探、化探和遥感地质特征等综合信息的研究，在扎村金矿区圈出 6 个找矿靶区，其中 A 类找矿靶区 2 个，B 类找矿靶区 1 个，C 类找矿靶区 3 个。笔者首次提出了红花园和扎村金矿—西鼠街—大莲花山一带是寻找金矿的有利地段。值得注意的是，在扎村金矿—大莲花山—西鼠街一带均存在出露的碱性斑岩体和隐伏斑岩体，这些岩体可提供成矿作用的驱动能量，并有隐伏断裂为区内含矿热液提供良好的运矿通道。故在该带内有望通过进一步工作发现新的金矿化富集地段。

第2章 区域成矿地质背景

2.1 区域地质格架

研究区位于西南"三江"地区中南段,西南"三江"地区在大地构造位置上属于环球特提斯构造域的一个重要组成部分,地处阿尔卑斯—喜马拉雅巨型造山带东段弧形转弯处,濒临特提斯构造域与太平洋构造域交接部位[54]。

研究区仅涉及扬子板块的西南缘,具有前震旦系结晶基底和褶皱基底及震旦系—中新生界沉积盖层的双层结构模式。其基底沿剑川—大理和哀牢山断裂逆冲推覆在兰坪—思茅坳陷中生代地层和哀牢山板块结合带的浅变质岩层之上,形成于点苍山—哀牢山逆冲带。哀牢山群由一套混合片麻岩、变粒岩、角闪岩、片岩及大理岩组成。在中生代之前,扬子地块西南边缘坳陷带表现为断块式隆拗,中生代以后,作为统一后的大陆板块的一部分,在燕山期至喜马拉雅期,构造活动仍在古板块周边或内部进行,并控制了其中相关地区的沉积作用、岩浆活动和成矿作用[55]。

"三江"地区沉积地层覆盖面积约占全区面积的80%。自元古宇至第四系均有出露,地层系统较完全,特别是三叠系分布面积最广、发育最完整。

对于"三江"地区,因其所处特殊构造位置和极其复杂的构造、岩浆和火山活动,被誉为解决全球构造,特别是特提斯构造的地球动力学窗口[56],且该地区蕴藏着丰富的矿产资源,其中尤以铜、铅、锌、银、金等具有巨大的资源优势和找矿潜力。而区内的金矿多为富碱斑岩型金矿，成矿与富碱侵入体(斑岩)有关，富碱斑岩型金矿是指与富碱正长斑岩类和碱性花岗斑岩类有关的斑岩型金矿床，或岩浆热液矿床，在区内已发现北衙、马厂箐、姚安和金厂箐等富碱斑岩型金矿床，该类型金矿床空间上形成富碱斑岩型金成矿带。

西南"三江"哀牢山—金沙江富碱侵入岩带是我国重要的富碱侵入岩带之一，主要分布于澜沧江断裂以东，沿红河—金沙江断裂及其两侧呈北西向展布，在云南省境内延伸长800 km，宽40~60 km[57]。到目前为止，区内共发现各种不同类型的富碱岩体(脉)近千余个(条)，并随着地质调查的不断进行，发现的富碱岩体(脉)数量仍在逐渐增多。富碱岩体主要集中分布在北衙、祥云、姚安、剑川、丽江、巍山、永平等地(图2-1)。按其出露的地理位置和具有明显集中分布的特点，将它们划分为多个岩群或区，如姚安岩群(区、片)、北衙岩群(区、片)、大莲花山岩群等。区内富碱岩浆活动从根本上是受(近)东西向隐伏构造带控制的。区内富碱岩体成岩的时间跨度为18.19~89.35 Ma，65%的年龄数据集中在20~50 Ma[58-60]，主要形成于喜马拉雅早—中期，少数为燕山晚期的地质时期内，在本区复杂的大地构造应力场条件下，为地质构造-地球内部流体-岩浆作用的综合产物。

2.2　区域大地构造背景

2.2.1　大地构造位置

在大地构造位置上，研究区位于唐古拉—昌都—兰坪—思茅成矿带之兰坪—思茅成矿带中段。大地构造隶属西藏—三江造山系、兰坪—思茅双向弧后—陆内盆地之兰坪—思茅中、新生代上叠陆内盆地。

研究区位于三江褶皱系兰坪—思茅中生代坳陷北段之兰坪—巍山坳陷内，地质构造比较复杂。该坳陷的发生和发展，严格受东部鲁甸—哀牢山深断裂和西部澜沧江深断裂的控制(图2-2)。沿这两条深断裂带，曾发生过多次强烈的构造运动、岩浆活动和变质作用，从而形成了区内北北西向平行展布的点苍山—哀牢山变质带和崇山—澜沧江变质带。两变质带的变质岩类十分复杂，高、低级变质岩均有。高级变质岩的时代很可能属中—晚元古代，而部分中—低级变质岩为古生代和晚三叠世及侏罗—白垩纪的变质产物。两变质带间的兰坪—思茅坳陷带则主要由中—新生代红层和少量古生代地层组成[61]。

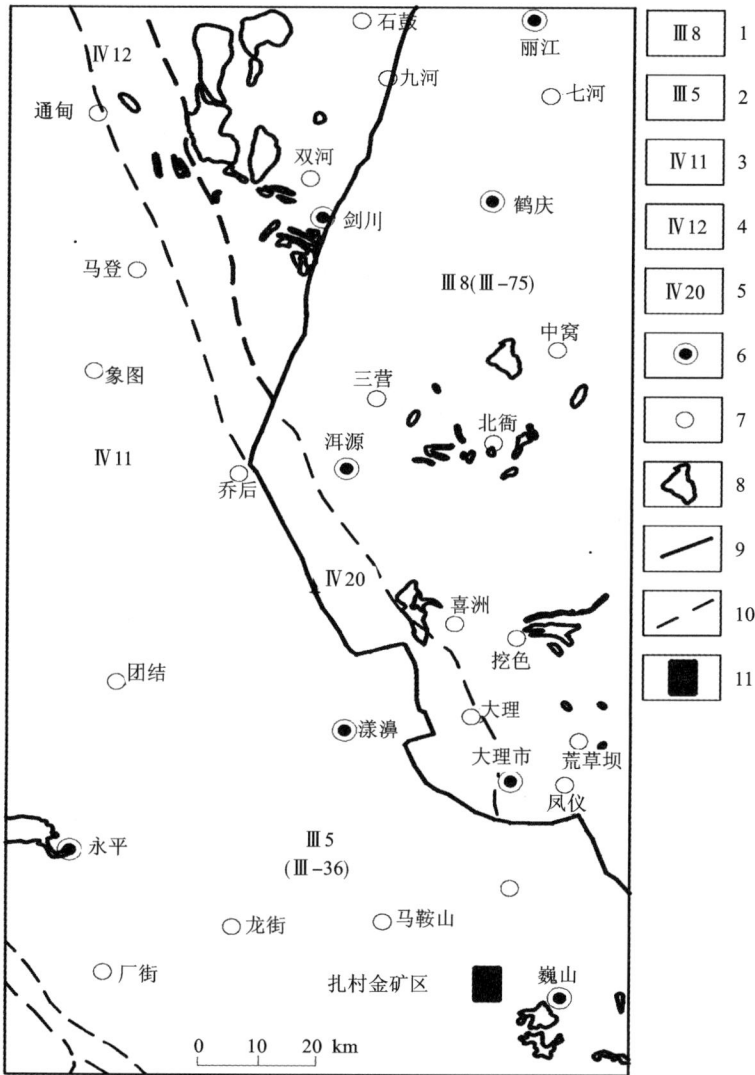

图 2-1　滇西中部富碱斑岩分布简图

1—丽江—大理—金平(陆缘坳陷)Au-Cu-Ni-Pt-Pa-Mo-Mn-Fe-Pb-Zn 成矿带；2—兰坪—普洱(陆块)Cu-Pb-Zn-Ag-Fe-Hg-Sb-As-Au-石膏-菱镁矿-盐类成矿带；3—兰坪—普洱(地块)Cu-Pb-Zn-Ag-Fe-Hg-Sb-As-Au 盐类矿带；4—德钦—维西(火山弧)Cu-Pb-Zn-Ag-Fe-Mn-Au 矿带；5—点苍山—哀牢山(逆冲推覆带)Cu-Fe-V-Ti-宝玉石矿带；6—县(市)名；7—乡(镇)名；8—富碱斑岩体；9—主断裂(金沙江—哀牢山深大断裂带中段)；10—次级断裂；11—扎村金矿区

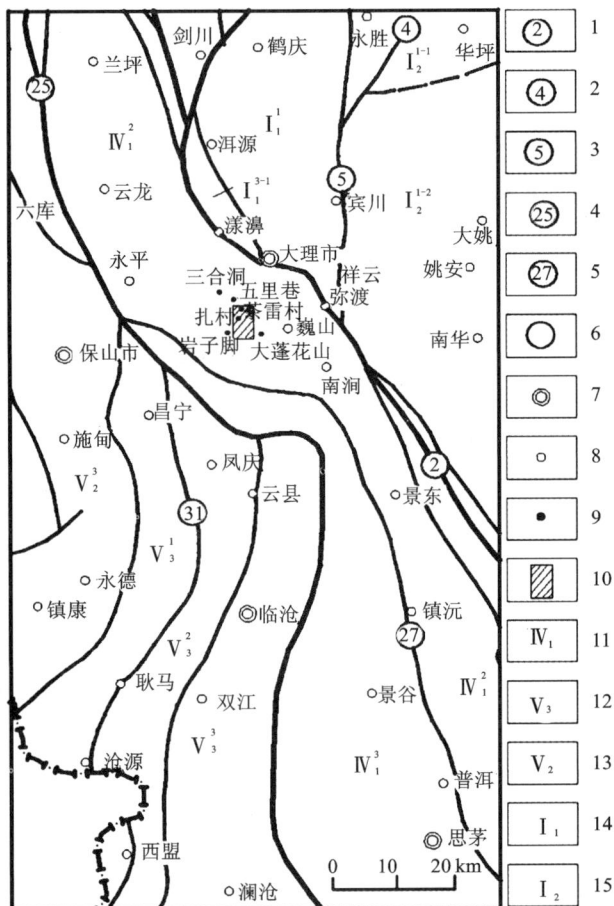

图 2-2　扎村金矿区大地构造位置图

1—金沙江：哀牢山断裂；2—箐河断裂；3—程海：宾川断裂；4—澜沧江断裂；
5—无量山—营盘山断裂；6—柯街断裂；7—市名；8—县名；9—乡名；10—扎村
金矿区（研究区）；11—兰坪—思茅褶皱带；12—昌宁—孟连褶皱带；13—福贡—
贡山褶皱带；14—丽江台缘褶皱带；15—川滇台背斜

2.2.2　大地构造之演化

本区曾经历了复杂的地质发展过程。从区内中—晚元古代优地槽—冒地槽阶段的基底岩系可知，本区在前寒武纪就有活动；早古生代地层在兰坪—巍山一带未见出露；至古生代中—晚期，两深大断裂带间地壳升降频繁，开始出现张裂坳陷，接受碳酸盐及砂泥质沉积；晚华力西运动使本区发生较强烈隆升，中三叠统假整合超覆于上古生界之上；中—晚三叠世时，印支（澜沧）运动强烈波及本区，澜沧江断裂和鲁甸—哀牢山断裂强烈活动，并伴随有强烈的中基性、中酸性火山喷发和大规模酸性、基性和超基性岩浆的侵入等，促使整个坳陷带再次强烈坳陷（或断陷），进一步形成裂谷（堑沟）构造，同时接受晚三叠世滨海—浅海相砂泥质、碳酸盐及含煤建造，以及侏罗纪到古新世期间的红色含膏盐建造；古新世末到始新世中期，强烈的喜马拉雅运动席卷整个红色盆地，使之发生强烈的盖层褶皱，并伴有较大规模的偏碱性（或基性）岩浆侵入及其有关的成矿作用[62-63]。

2.3　区域地质

扎村金矿分布于三江印支地槽褶皱系兰坪—思茅坳陷中段，无量山弧形构造带的北东缘，紫金山复式背斜南部倾没端之东侧（图 2-3）。

兰坪—思茅坳陷在古生代及早、中三叠世为三江地槽系中的一个相对稳定的地块。晚三叠世时，该地块发生下陷，在整个中生代时逐渐发展成为一个规模宏大的南北向堑沟构造，在堑沟中沉积了晚三叠世歪古村组杂色碎屑岩建造、三合洞组浅海相碳酸盐建造、挖鲁八组黑色页岩建造、麦初箐组滨海沼泽相含煤建造、侏罗、白垩纪红色建造，燕山运动以后，在断陷盆地中又沉积了古新世含膏盐红色建造。上述沉积物总厚度达 9600 m 以上。

古近纪古新世末，由于印度板块向东推移，发生了强烈的喜马拉雅运动，使堑沟巨厚沉积褶皱上升，产生了复式背斜和向斜。在紫金山复式背斜轴部及其附近也随之产生了大量的断裂、次级褶皱、层间滑动、推覆-滑脱构造等。由于基底断裂带有浅成、超浅成酸性岩浆侵入，与岩浆活动有关的锑、金、汞等热液沿上述断裂、裂隙、层间滑动破碎带及推覆-滑脱构造破碎带运移成矿。扎村金矿即赋存于紫金山复式背斜南部倾没端东侧的推覆-滑脱构造破碎带内（图 2-4）。

始新世—渐新世时，在山间盆地中堆积了厚达 817 m 以上的红色磨拉石建造。新近纪中新世—第四纪更新世时，全区以断块抬升为特征，在断陷盆地中沉积了山间型含煤亚建造。第四纪全新世时，则在河谷地带发育了冲积、洪积粗碎屑堆积。

区内变质作用较微弱，变质岩分布范围不广。变质作用以动力变质作用为主；断层两侧的动力变质作用仅发生在断裂带及部分层间滑动带内；背斜核部的动力变质作用仅见于二长斑岩之外接触带。

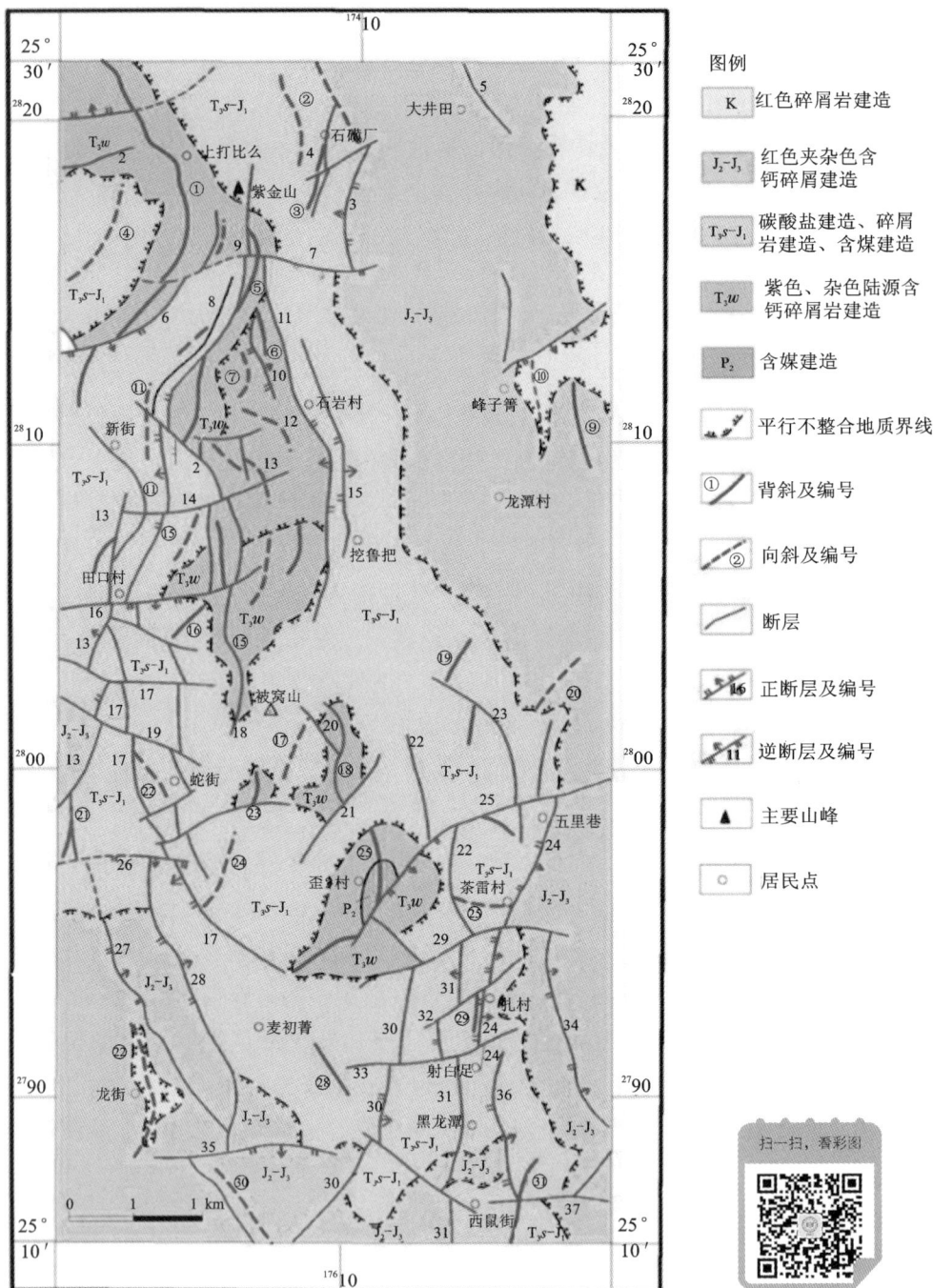

图 2-3 扎村金矿区域地质图

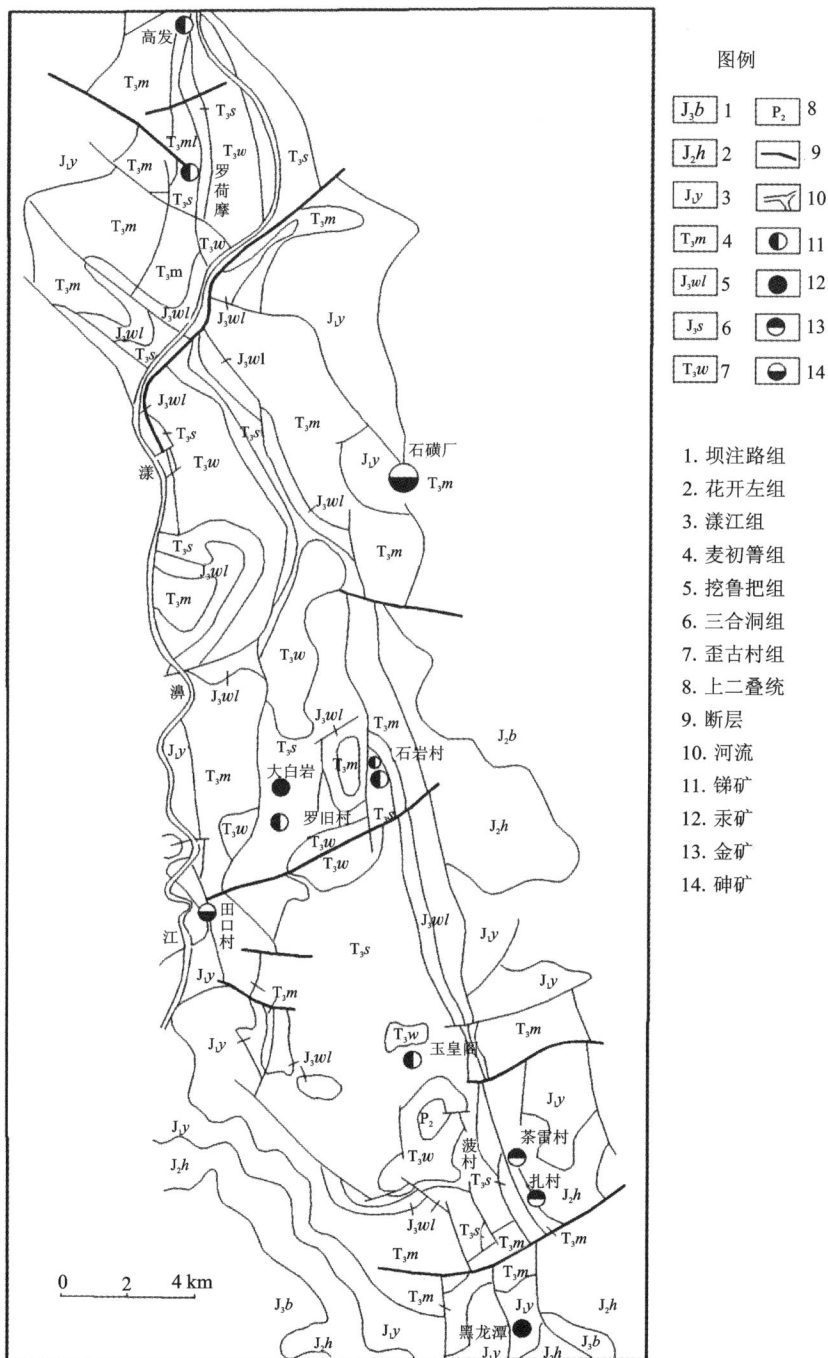

图 2-4　扎村金矿区域地质矿产略图

图例

J_3b 1	P_2 8	
J_2h 2	9	
J_y 3	10	
T_3m 4	11	
J_3wl 5	12	
T_3s 6	13	
T_3w 7	14	

1. 坝注路组
2. 花开左组
3. 漾江组
4. 麦初箐组
5. 挖鲁把组
6. 三合洞组
7. 歪古村组
8. 上二叠统
9. 断层
10. 河流
11. 锑矿
12. 汞矿
13. 金矿
14. 砷矿

2.3.1 区域地层

区内出露地层以中生界为主，古近系、新近系、第四系次之，古生界仅在歪古村附近小面积出露。由老到新如下：

1. 二叠系上统（P_2）

仅歪古村少量出露，为紫金山复式背斜核部最老的地层，显海陆过渡相特征。

①P_2^1：深灰色砂质绢云板岩、变质砂岩夹多层灰色块状骨屑灰岩。厚度大于182.4 m。

②P_2^2：深灰色绢云板岩夹灰色层状变质粉砂岩。中部夹炭质板岩及多层条带状、透镜状煤线；底部夹灰色中厚层状粉晶骨屑灰岩。厚106.3 m。

③P_2^3：浅黄褐、灰黄、灰绿色砂质绢云板岩夹薄层变质绢云石英细砂岩，偶见深灰色泥灰岩夹层。厚93.7 m。

2. 三叠系（T）

（1）上统麦初箐组（T_3m）

区内分布较广，是紫金山复式背斜的重要组成部分，属陆源碎屑相沉积。

①一段（T_3m^1）：分两个亚段。二亚段（T_3m^{1-2}）：灰—灰黄色中厚层状中—粗粒含岩屑石英砂岩，中部为泥质粉砂岩；下部为石英砂岩夹钙质砂岩、钙质泥岩，厚221.3 m；一亚段（T_3m^{1-1}）：灰黑色粉砂质泥岩，泥质粉砂岩夹细砂岩，含钙质细砂岩及含炭细砂岩，顶部为含云母石英砂岩；底部为灰黑色含炭质粉砂质泥岩及煤线，普遍具平行对称波痕，厚78.68 m。

②二段（T_3m^2）：灰绿、灰黑色厚层、块状含岩屑石英砂岩与同色粉砂岩、黑色页岩不等厚互层。厚129.6 m。

③三段（T_3m^3）：分两个亚段。二亚段（T_3m^{3-2}）：灰、黄绿色块状钙质粉砂岩、粉砂质泥岩、褐黄色薄—中厚层状含长岩屑石英砂岩、细砂岩夹砂泥质泥晶灰岩透镜体、薄层炭质泥岩及煤线，厚156.1 m；一亚段（T_3m^{3-1}）：上部为灰绿、灰黑色泥质粉砂岩夹石英砂岩；中部为灰绿、黄绿色泥质粉砂岩、灰岩；下部为灰黑、灰绿色泥质粉砂岩。厚93.19 m。

④四段（T_3m^4）：黄绿色块状泥质粉砂岩、泥岩夹暗紫红色含砾砂质钙质。厚13.7~32.2 m。

（2）上统挖鲁八组（T₃wl）

分布范围与麦初箐组相同，属海陆过渡三角洲相沉积。

①一段（T_3wl^1）：深灰—灰黑色含钙质、粉砂质水云母页岩，局部含炭质。厚158.7 m。

②二段（T_3wl^2）：灰黑色、褐黄色薄—中厚层状泥质粉砂岩、钙质粉砂质水母页岩夹褐黄色粉砂质条带或透镜体。厚116 m。

（3）上统三合洞组（T₃s）

沿紫金山复式背斜呈近南北向展布。属近滨—滨外浅海相沉积。

①一段（T_3s^1）：灰色厚层—块状灰岩、粉晶纯灰岩及生物碎屑灰岩，厚93.4 m。

②二段（T_3s^2）：深灰、灰黑色薄—中厚层状灰岩夹薄板状含粉砂泥质灰岩及紫灰色薄层状钙质细砂岩，厚73.2 m。

③三段（T_3s^3）：深灰色块状含燧石粉晶灰岩，灰黑色中厚层状粉晶灰岩夹少量褐色泥质灰岩及生物碎屑灰岩，厚108.9 m。

（4）上统歪古村组（T₃w）

出露于紫金山复式背斜核部歪古村、罗旧村及紫金山一带。属潮坪—滨海相沉积。

①一段（T_3w^1）：紫红—灰紫色板岩夹少量薄—中厚层状中—细粒石英砂岩。中下部板岩中常见泥砂质、钙质结核，间夹紫红色厚层状细砾岩及砂砾岩，砾岩呈压扁拉长状顺层分布。厚500.4 m。

②二段（T_3w^2）：上部为灰绿、黄灰色钙质板岩，灰白色中—厚层状变质含岩屑石英砂岩，夹多层块状生物碎屑灰岩；下部为灰紫色夹灰绿色绢云板岩与灰绿、浅灰色中—厚层状变质绢云石英粉砂岩不等厚互层。厚296.5 m。

3.侏罗系（J）

（1）上统坝注路组（J₃b）

分布于紫金山复式背斜两翼及龙街向斜两翼，属河流相沉积。

①一段（J_3b^1）：紫红色粉砂质泥岩，底部见多层细粒石英砂岩。

②二段（J_3b^2）：上部为紫红色块状泥岩、粉砂岩；下部为紫灰岩细粒石英砂岩及同色粉砂质泥岩。

③三段（J_3b^3）：灰紫色泥岩、粉砂岩及细粒石英砂岩，底部为钙质细砾岩薄

层或透镜体。厚 113.9 m。

（2）中统花开左组（J_2h）

主要分布于紫金山复式背斜东翼和龙街向斜东部，属海陆交替相沉积。

①一段（J_2h^1）：紫红色厚层状泥岩、粉砂岩。上部夹厚层状细—中粒石英砂岩；中下部夹数层钙质复成分砾岩；底部为一层薄—中层状钙质复成分砾岩。厚896 m。

②二段（J_2h^2）：灰绿色、紫红色中厚层状泥岩，间夹浅灰色薄—中厚层状泥灰岩，底部见较多的钙质泥岩、粉砂岩及少量细砾岩。厚238 m。

（3）下统漾江组（J_1y）

分布范围与花开左组相同，属河、湖相沉积。

①一段（J_1y^1）

紫红色厚层状泥岩、钙质泥岩，夹同色中—厚层状粉砂岩及少量细砂岩。泥岩中普遍具蓝灰、灰绿、浅褐色等钙质团块或条带。厚400 m。

②二段（J_1y^2）

砖红、浅紫色厚层状泥岩，夹少量同色粉砂岩。泥岩中具杂色斑点和条带。底部为一层厚层状灰白色细粒石英砂岩。厚283 m。

4. 第四系（Q）

（1）全新统（Qh）

为河流冲积、坡积和滑块等成因之紫红色粉砂、泥，灰色细砂及棱角状杂乱堆积物。厚1~50 m。

（2）更新统（Qp）

紫、紫灰色砂土、块状砾石层夹灰白色砂砾层。厚度大于28 m。

2.3.2 区域构造

矿区位于三江印支地槽褶皱系兰坪—思茅坳陷中段的紫金山复式背斜内，褶皱断裂均较发育。构造线以近南北向或北北西向为主，锑、金、汞、砷等内生矿产的展布也基本与该构造线方向一致[61]。

1. 褶皱构造

紫金山复式背斜呈近南北向展布，长约50 km，东与朵谷复式向斜相接。复式背斜核部为晚二叠统、晚三叠统地层；两翼为侏罗系、白垩系红层。复式背斜内褶皱、断裂较为发育，且多集中在核部附近。核部附近的次级褶皱一般背斜较紧密，向斜较宽缓(图 2-5)。单个背斜轴线多呈缓波状，且枢纽起伏较强烈，因此构成一系列串珠状短轴背斜，在平面上则组合成线状褶皱系列，且脊线多弯曲，少数组成"S"形或反"S"形。按背、向斜的空间分布，从西往东、由北到南可分为四组基本同向的背斜(图 2-6)。

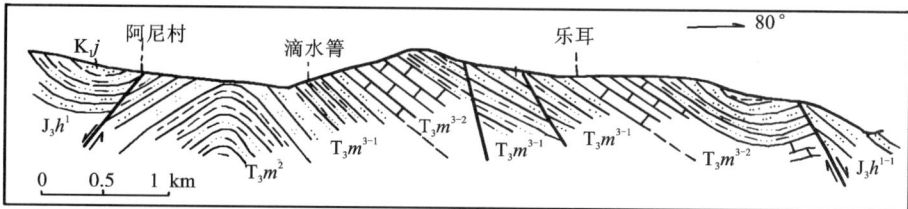

图 2-5　阿尼村—乐耳构造剖面图

(1)第一组背斜：由上打比么背斜①、新街背斜⑩、五台寺背斜㉑组成，长 30 km 以上，南端被黑惠江断裂切断。其西有同向的白马塘向斜④等构成向斜山。

(2)第二组背斜：由石磺山背斜⑤组成，向南延至中上村、红叶村，长约 12 km。其西有同向的上箐短轴向斜⑪。

(3)第三组背斜：由罗旧村背斜⑮、龙王庙背斜㉓组成，长约 9 km。其西有同向的凸山梁子短轴向斜⑭，仙人洞短轴向斜⑯。

(4)第四组背斜：由玉皇阁背斜⑱、歪古村背斜㉕、小瓦夏背斜组成㉘，长约 14 km。其西有大致同向的茶山寺短轴向斜⑰、密支短轴向斜㉔；其东有杨家村向斜⑳、帕村向斜㉖等。

上述每组背斜之间具有明显的等距性，间距为 2~3 km。其脊线由北北东向南转为近南北向，因而构成了向南微散开的褶皱系列。

2. 断裂构造

紫金山复式背斜内断裂发育，且明显集中于背斜核部附近，按展布方向，可分为以下几组：

(1)北北东向断裂：以正断层为主，多分布于复式背斜西翼，如黑惠江断层(13)、田口村断层(8)、黑后箐断层(9)等，其断面陡直(60°~80°)，构造破碎带较宽(20~100 m)。北段多呈弧形和舒缓波状，而南段多以直线延伸。在复式背斜南部倾没端东缘，发育了一条推覆-滑脱构造破碎带(24)，是扎村金矿的储矿构造。

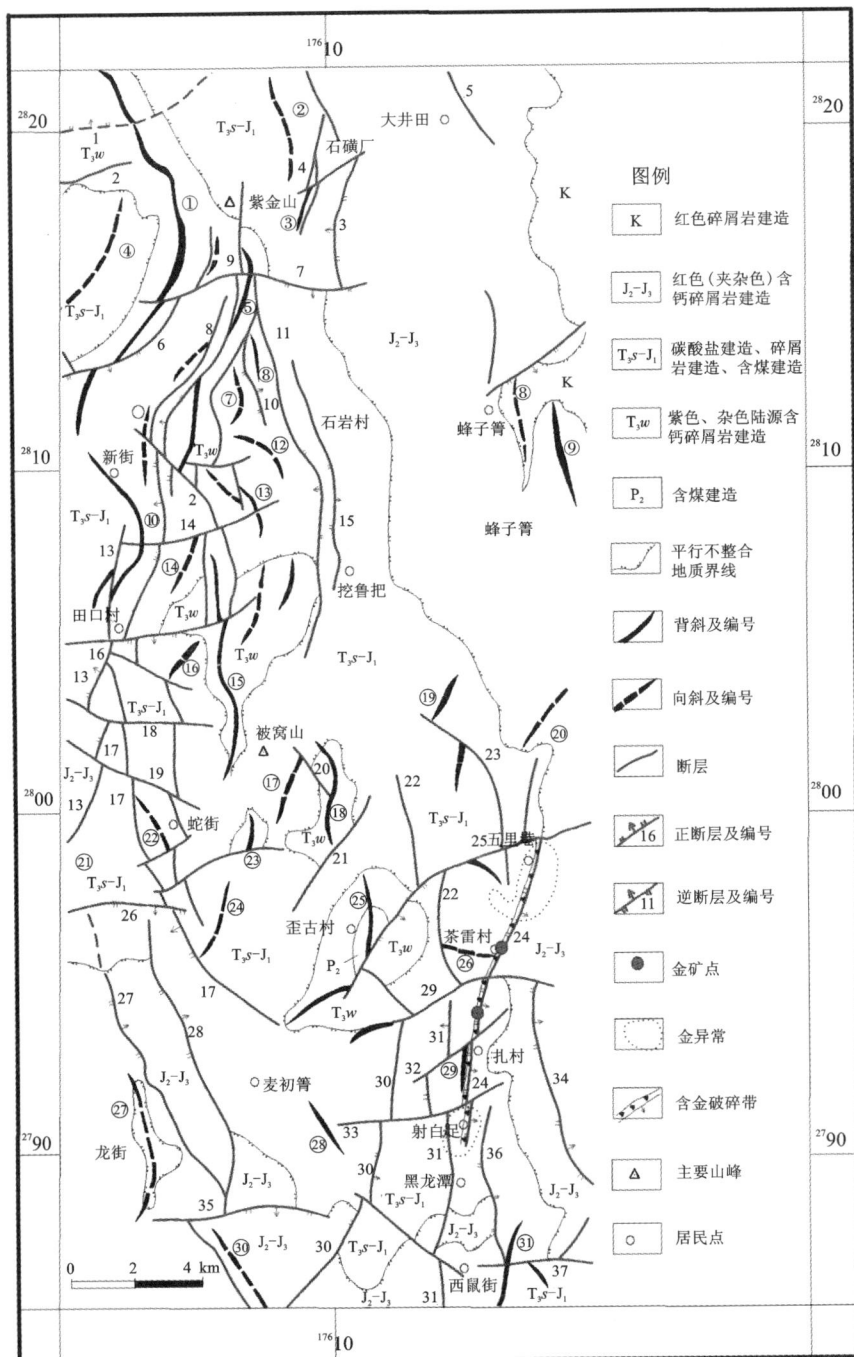

图 2-6　紫金山复式背斜构造略图

（2）北北西向断裂：以逆断层为主，多分布于复式背斜东翼，由营盘山断层（10）、上石岩村断层（11）、下石岩村断层（15）组成。各断层均呈舒缓波状延伸，断面倾角较陡，多为高角度逆冲断层。沿断裂有断层角砾岩、断层泥和较多的擦痕、镜面等。此组断层内，重要的还有龙街断层（27）、文明村断层（28）及三合洞断层（22）等。

上述两组断裂是区内形成较早，规模较大的主断裂，也是区内锑、金、汞、砷等热液矿床的导矿、容矿构造。

（3）北东向断裂：主要分布于歪古村背斜附近，如玉皇阁断层（21）、歪古村断层（25）、岩子脚断层（32）等。断层多呈直线展布，断裂带内岩石破碎，多为正断层性质，但也显平移特征。

（4）北西向断裂：多分布于复式背斜核部西侧，为平移性质，常呈直线延伸，成组出现，其间距多数为 1~2 km，一般规模较小。

北东、北西向断裂常切割北北东向和北北西向断裂。

（5）东西向断裂：断层多呈直线，且具明显的等距性（间距为 2~3 km），断层倾角为 $65°~80°$，断层破碎带宽 10~20 m，主要为正断层性质，但亦显平移特征。此组断裂在地貌上常形成"V"字形深谷，如铁厂河断层（16）、歪古河断层（26）、属街河断层（37）等，为晚期断裂，切割前四者。

当北西向、北东向、东西向断裂与主干断裂相交，组成"入"字形构造时，往往有利于成矿。

2.3.3　岩浆岩

区内以大莲花山岩群为主，属喜山期斑岩，详细情况如表 2-1 所示。岩体岩石类型较为单一，归纳起来主要为正长斑岩和二长斑岩两类，其中，由于石英、黑云母、角闪石、辉石等含量变化而出现石英正长斑岩、含石英黑云辉石二长岩、石英黑云辉石二长斑岩、角闪石英二长斑岩、角闪二长斑岩等。上述岩体构成单一岩体或作为大岩体的相带出现。

表 2-1　大莲花山岩群一览表

位置	岩体数/个	岩石类型	产状	规模/km²
大莲花山	1	石英正长斑岩、含石英黑云辉石二长岩	岩株	5.0
兴和厂	2	石英黑云辉石二长岩	岩枝	0.05～0.1
小河村、先觉村等地	4	正长斑岩	岩枝	0.01～0.04
小龙潭、畜牧厂等地	6	二长斑岩	岩株、岩枝	0.01～0.8
头台、竹麻阱	2	角闪石英二长斑岩、角闪二长斑岩	岩株	0.5～1.5

正长斑岩和二长斑岩类岩体特征：岩石具斑状结构，斑晶主要为更中长石（10%～30%），其次为钾长石（5%～10%，为高或中微斜长石），并有少量石英、黑云母或角闪石等，斑晶粒径一般为 0.5～1.0 cm，最大达 3 cm。基质主要为钾长石，其次有更中长石及石英等。在大莲花山岩体中，岩石暗色矿物出现辉石（含量 30%），形成石英黑云辉石二长岩。岩体中的较大岩体有一定的分异现象，小岩体多为单一岩性组成。大莲花山岩体分异现象主要表现为石英正长斑岩，岩体内东部及北部，见有暗色含石英黑云辉石二长岩，二长岩与正长斑岩接触处岩性突变，并且前者接触处见有正长斑岩小"俘虏体"，显示有岩浆活动的脉动性，二长岩稍晚于正长斑岩。

大莲花山岩石化学特征如表 2-2 所示，由表可见，岩石属正常—氧化铝过饱和系列，化学成分含量较高（介于一般闪长石和花岗岩之间），即属硅酸饱和—过饱和、贫碱—含碱中等的浅色岩石。围岩蚀变一般较弱，见有烘烤褪色、绢云母化、轻度角岩化，以及形成黑云母雏晶斑点板岩等。宽窄不一，由数十厘米至数十米不等。

表 2-2　大莲花岩石化学特征表

样品编号	岩石名称	氧化物重量百分含量/%						
		SiO_2	TiO_2	Al_2O_3	Fe_2O_3	FeO	MnO	MgO
WS8501-1	含石英黑云辉石二长岩	57.87	0.53	14.00	3.32	2.87	0.09	3.99
WS8502-1	石英正长斑岩	65.88	0.33	15.18	0.98	2.11	0.08	1.72

续表2-2

样品编号	岩石名称	氧化物重量百分含量/%						
		CaO	Na₂O	K₂O	P₂O₅	H₂O⁻	烧失量	总量
WS8501-1	含石英黑云辉石二长岩	6.96	3.36	4.42	0.51	0.31	0.50	98.73
WS8502-1	石英正长斑岩	2.34	3.70	4.21	0.23	0.36	2.63	99.75

样品编号	岩石名称	查氏数值特征						
		a	c	b	s	f'	m'	a'
WS8501-1	含石英黑云辉石二长岩	13.7	2.5	18.3	65.5	30.7	36.7	
WS8502-1	石英正长斑岩	14.6	2.9	6.1	76.4	47.7	47.7	4.6

样品编号	岩石名称	查氏数值特征					
		c'	n	Q	$a:c$	类	族	亚族
WS8501-1	含石英黑云辉石二长岩	32.6	53.5	1.1	5.5	4	13	a
WS8502-1	石英正长斑岩		57.2	20.7	5.0	2	4	

岩体含矿特征，多见黄铁矿化，外接触带也常见黄铁矿、褐铁矿等矿化，据大莲花山人工重砂资料，副矿物为锆石-磷灰石组合，其次为榍石及钛矿石、石榴子石，此外尚有方铅矿、白钨矿、孔雀石和黄铁矿。

2.3.4　区域地球化学特征

区内以沉积岩为主，做过1:5万重砂与土壤化探测量，为区内的地质找矿提供了重要线索，现择其要者述之。

1. 区内地层主要造矿元素丰度值

各地层单元的主要造矿元素含量见表2-3。

锑的丰度在上三叠统中普遍较高，达 $19.51×10^{-6} \sim 31.2×10^{-6}$，均高于维氏值（ $2.0×10^{-6}$ ）$10 \sim 15$ 倍，与区内锑矿产出的三个部位（ T_3s^3 与 T_3wl^1、T_3w^2 与 T_3s^1 之层间及 T_3m^1 内）大致相吻合。

金的丰度在上白垩统虎头寺组上段 K_3h^2 中最高（ $29.7×10^{-9}$ ），其原因尚待查明，其次在上二叠统 P_2（ $0.9×10^{-9} \sim 5.4×10^{-9}$ ）及麦初箐组 T_3m（ $1.1×10^{-9} \sim 3.6×10^{-9}$ ）都高于维氏值（ $1×10^{-9}$ ），其余地层均接近或略高于维氏值。在上述地层中所采人工重砂样中，常有自然金出现。

汞的丰度在所有地层中均低于维氏值（ $0.4×10^{-6}$ ），然而在区内仍有大白岩、黑龙潭等小型汞矿产出，说明汞的富集成矿主要与区内的导矿构造和储矿构造有关，汞矿一般产于层间破碎带内（大白岩）以及南北向断裂带旁侧（黑龙潭）。

砷的维氏值为 $6.6×10^{-6}$，区内除少数地层（如 T_3w^{1-2} 等）小于此值外，其余均高于维氏值，最高可达 $34.46×10^{-6}$（T_3m^{3-2}），为维氏值的 5 倍。因此，在重砂测量中，普遍见有砷矿物。在区内西部田口村和北部石磺厂，砷异常与已知矿床（点）相吻合。

区内各地层中的不同岩性，其元素丰度值也不尽相同。以锑、金为例，锑的丰度由高至低为砂岩、灰岩、泥岩、粉砂岩；金则以砂岩、粉砂岩、泥岩、灰岩为序。

表2-3　区域各地层主要成矿元素含量表

地层	Cu	Pb	Zn	Hg	Sb	Au	As	样品件数
K_3h^2	11.90	16.00	35.7	0.04	1.9	29.70	3.35	2
K_3h^1	26.40	27.00	51.0	0.04	1.3		3.70	1
K_2n^{2-2}	19.64	21.12	66.58	0.05	1.44	1.40	5.66	5
K_2n^{2-1}	18.90	21.26	57.9	0.04	1.38	1.40	4.85	8
K_2n^1	28.35	27.83	57.08	0.06	1.53	1.20	5.93	4
K_1j^2	34.70	40.37	76.83	0.18	1.67	0.70	8.30	3
K_1j^{1-3}	42.92	24.17	63.68	0.18	2.8	2.00	19.32	6
K_1j^{1-2}	38.29	27.00	65.83	0.22	2.49	1.30	9.87	3
K_1j^{1-1}	19.00	27.53	78.6	0.35	0.74	2.30	23.19	4
J_3b^3	35.35	28.55	96.6	0.05	1.5	1.10	5.10	2
J_3b^2	33.78	39.45	122.75	0.08	2.48	0.70	7.45	4
J_3b^1	41.50	34.75	104.65	0.06	2.42	1.00	5.63	6
J_2h^2	57.30	50.68	132	0.07	1.69	1.40	2.86	5
J_2h^{1-2}	19.85	47.25	121	0.07	2.05	0.70	3.10	2
J_2h^{1-1}	45.30	28.40	83.60	0.05	0.93		6.80	1
J_1y^2	46.20	28.50	97.40	0.04	1.60	1.50	7.80	1
J_1y^1	26.10	64.20	146.00	0.36	1.10	0.80	3.30	1
T_3m^4	65.80	37.70	104.83	0.16	3.24	1.70	11.07	3

续表2-3

地层	Cu	Pb	Zn	Hg	Sb	Au	As	样品件数
T_3m^{3-2}	60.19	75.29	105.10	0.09	19.51	2.90	34.46	33
T_3m^{3-1}	91.65	39.05	87.97	0.11	1.78	3.60	32.23	6
T_3m^2	56.75	54.44	97.78	0.12	23.81	1.50	14.86	11
T_3m^{1-2}	134.11	62.27	101.03	0.09	2.10	8.00	16.73	3
T_3m^{1-1}	57.41	58.51	95.40	0.10	30.20	1.10	18.66	7
T_3wl^2	60.50	43.58	110.00	0.15	2.03	0.80	14.96	4
T_3wl^1	50.87	31.97	110.00	0.12	1.88	0.80	11.17	3
T_3s^3	18.23	47.23	89.00	0.2	4.17	0.70	11.57	3
T_3s^2	16.70	43.20	71.05	0.22	5.75	0.30	16.00	2
T_3s^1	15.60	27.25	71.95	0.20	3.40	0.70	17.30	2
T_2w^{2-2}	25.94	35.52	93.20	0.22	31.20	1.50	20.52	5
T_2w^{2-1}	27.10	20.75	88.70	0.08	2.57	1.00	4.10	2
T_3w^{1-3}	27.70	23.00	93.00	0.04	3.70		12.00	1
T_3w^{1-2}	30.20	18.90	75.00	0.04	0.93		2.80	1
T_3w^{1-1}	39.28	19.70	83.44	0.03	1.58	1.60	5.40	5
P_2^3	100.00	26.40	96.50	0.05	1.90	5.40	7.80	1
P_2^2	171.00	27.90	112.00	0.03	1.30	0.90	27.60	1
P_2^1	109.37	36.87	125.00	0.05	2.47	3.30	14.83	3
维氏值	57.00	20.00	80.00	0.40	2.00	1.00	6.60	

注：Au 单位为 10^{-9}；其余元素的单位为 10^{-6}。

2. 土壤地球化学特征

土壤化探异常在紫金山复式背斜中，元素组合具有明显的分带性。核部附近以 Sb、Hg、As 为主，元素组合较为复杂；其北部 As 异常较多；南部则以 Sb 异常为主；两侧多为 As、Hg、Au 异常，元素组合较为简单。复式背斜两翼异常较少，如图 2-7 所示。

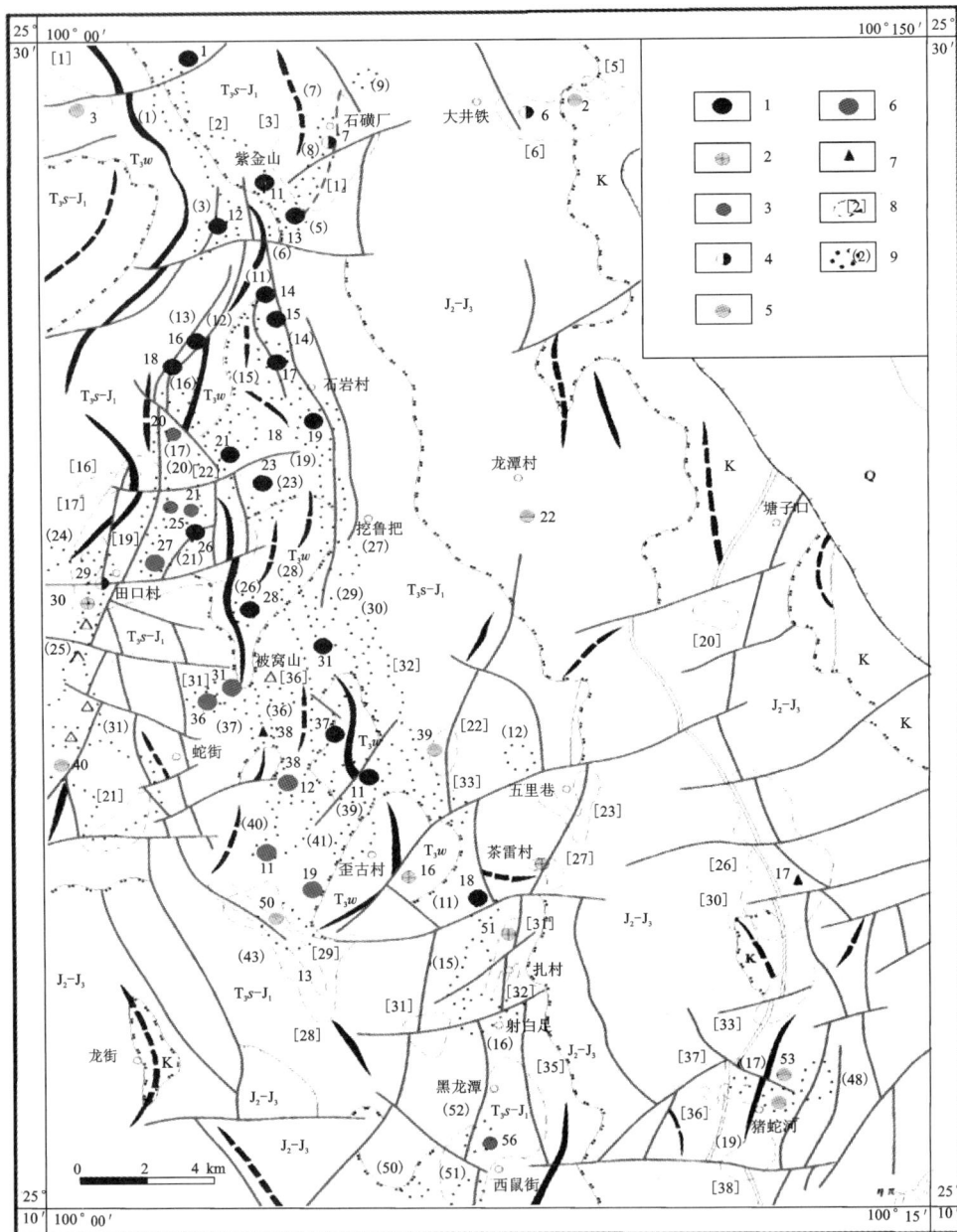

图 2-7 扎村金矿区域矿产异常分布图

1—锑；2—金；3—汞；4—砷；5—铜铅锌；
6—铁；7—黄铁矿；8—重砂异常及异常编号；9—土壤化探异常及编号

扫一扫，看彩图

紫金山复式背斜中，共计 41 个 Sb 异常。其中矿床、矿点异常的主要元素组合分三类：

（1）以 Sb、Hg、Pb 为主，分布于复式背斜核部东侧，是寻找锑及伴生金的标志；

（2）以 Sb、Hg、Au、As 为主，分布于复式背斜轴部地带，为锑、金矿化地带，金矿化强度比（1）类高；

（3）以 Sb、F、Mo 为主，分布于背斜两翼，面积较小，且不连续，是锑、萤石矿化带，金矿化较弱。

扎村—茶雷村—五里巷金矿化带，受北东东向低角度之推覆-滑脱构造 F24 控制，沿断裂带有扎村金矿床、茶雷村金矿点和五里巷金矿化点分布，并与金的重砂异常（区域上为[32]、[27]、[23]）相重合，其北西有土壤化探金、铜[42]异常相对应。该带有一显著的特点，就是化探异常不明显，这与后期构造受到破坏，覆盖层较厚，化探工作精度不够、比例尺偏小，未做详细化探测量等原因有关。因此，在该带上除目前评价的扎村金矿床外，很有希望找到其他类型的金矿床。

2.3.5　变质作用及蚀变作用

1. 变质作用

区内变质作用较微弱，主要体现为动力变质作用（图 2-8）。

（1）背斜核部的动力变质作用

主要发生于紫金山复式背斜的核部，即紫金山—铁厂河—歪古村一带。被卷入此动力变质作用的地层有上二叠统（P_2）和上三叠统歪古村组（T_3w）。变质岩石类型有绢云板岩、粉砂质板岩、钙质板岩、变质砂岩及少量变质砂砾岩与变质砾岩。各类变质岩石的变质矿物组合简单，主要是绢云母+绿泥石+石英、绢云母+方解石（白云石）+石英、白云母+钠长石+方解石+石英。

各类变质岩均保留有原岩的特征，变余层理构造发育。板岩的板状构造和板理与原岩层理平行，板理面平整光滑，常有绢云母、绿泥石等新生矿物定向分布，显微弱的丝绢光泽。主要结构为鳞片变晶结构，变余泥质构造及变余粉砂泥质结构等。

（2）断裂两侧的动力变质作用

主要发生在主干断裂两侧，三合洞组灰岩与挖鲁八组页岩、歪古村组板岩与三合洞组灰岩之层间，在麦初箐组三段的灰岩透镜体与页岩之间也有所见。

沿主干断裂发育的破碎带，一般宽 10~20 m，而黑惠江江东一带则可达 50~200 m。正断裂破碎带内，变质体主要由碎裂岩、角砾岩和大小不一的构造透镜体组成构造疏松的破碎带；逆断层及逆冲断层则由角砾岩、粗糜棱岩构成结构较紧密的破碎带，带内常见擦痕、镜面等；层间破碎带内发育有硅化碎裂石英岩、硅化碎裂黏土岩及硅化灰岩等。

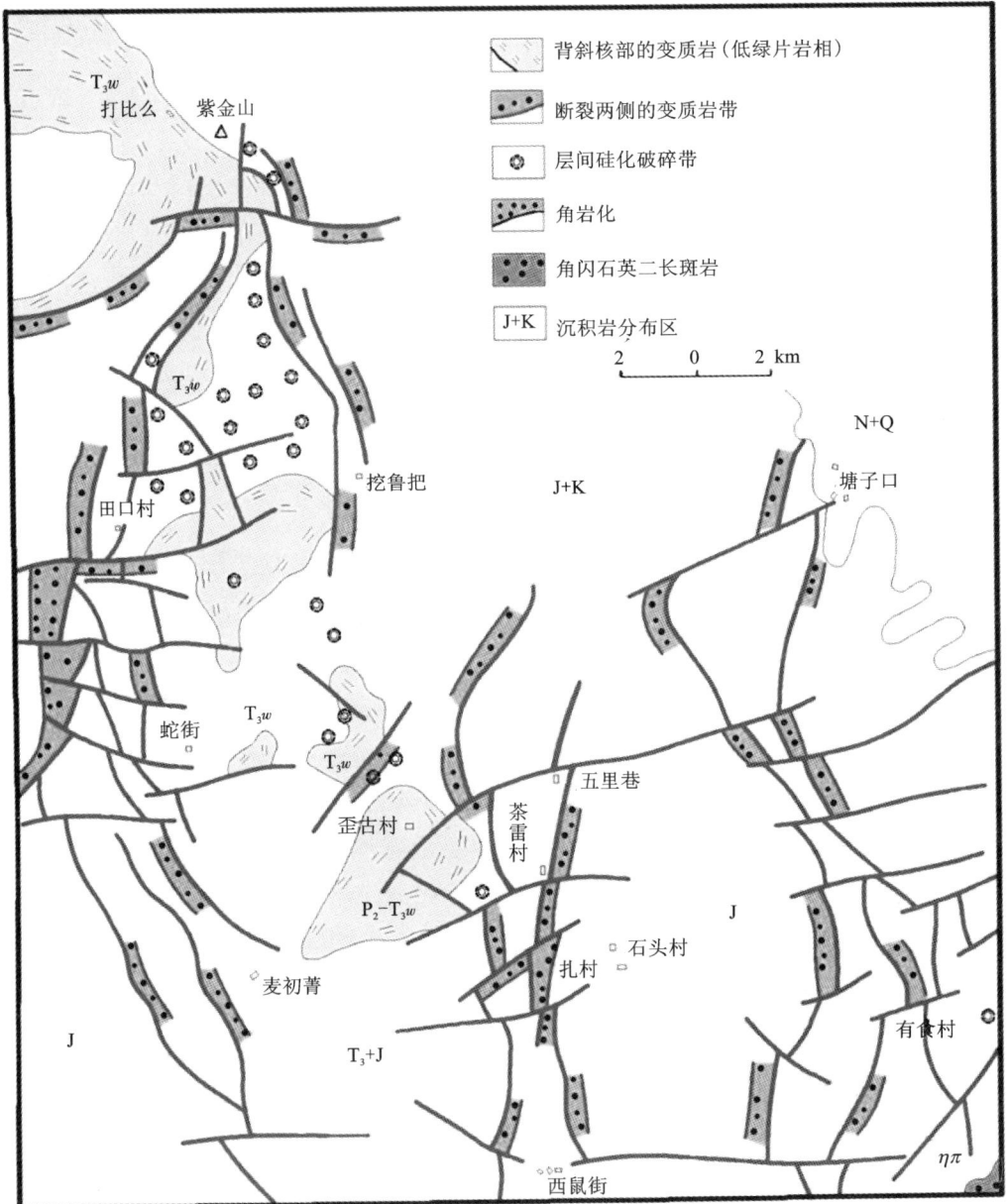

图 2-8 扎村金矿区变质岩分布图

2. 蚀变作用

在错动变质作用中，形成了规模不等的构造破碎带。其中，黑惠江、铁厂河断裂破碎带内普遍具硅化、褐铁矿化，局部构成了金矿（化）点；而规模宏大的扎村推覆-滑脱构造破碎带内，在次级断裂构造控制下，多期次的黄铁矿化、碳酸盐化、硅化等叠加，形成了上、中、下三个金矿体层。

普遍发育于三合洞灰岩与挖鲁八组页岩间的层间硅化破碎带，呈近南北向沿复式背斜两翼断续延伸到 30 km 以上，宽 1～20 m。带内硅化强烈，其次普遍具有萤石化、碳酸盐化等，是区内锑、金的重要矿化部位。

2.3.6　区域矿产

区内矿产种类和矿（床）点、矿（化）点较多（图 2-4），以内生矿产为主（占79%），外生矿产次之（占 21%）。内生矿产中，又以金、锑、汞、砷为主，铅、锌、银等次之。外生矿产中，除三合洞组石灰岩分布较广，有所利用外，麦初箐组中无烟煤一般呈透镜体或煤线分布，且含灰分、硫及砷较高，多数无工业价值，仅个别可作民用开采。现将主要矿产简介如下：

1. 金矿

金矿除扎村—五里巷一带赋存于推覆-滑脱构造破碎带中的扎村金矿床、茶雷村金矿点、五里巷自然重砂金异常区外，尚有产于张性、张扭性断裂破碎带中的砷金矿，如田口村金矿，该矿点受北北东向高角度正断层控制，金矿化与砷铋矿化关系密切，呈正消长关系，属微粒型金矿；其次是产于上三叠统歪古村组层间的裂隙中的铜金矿，如歪古村铜金矿，呈脉状产出，可见自然金，但矿化极不均匀，规模较小，品位较高。

2. 锑矿

锑矿化主要赋存于上三叠统三合洞组灰岩与挖鲁八组页岩之间的层间硅化破碎带中，如石岩村、罗拍挪箐、石磺山后山、马鹿塘等矿床、矿（化）点；其次赋存于上三叠统歪古村组板岩与三合洞组灰岩之间的层间硅化破碎带中，如后山、浑水塘等矿（化）点；再次为赋存于上三叠统麦初箐组一段砂岩断裂破碎带中的黑后箐锑矿点。上述矿床、矿（化）点中，以石岩村锑矿工作程度较高，矿床规模已达到中型。

3. 汞矿

汞矿产出类型有二类：一类是分布于复式背斜翼部次一级褶皱鞍部，如黑龙潭汞矿；另一类是与锑矿同属一层位产出，如大白崖汞矿、上村梁子汞矿等，均属小型汞矿床。

4. 砷矿

砷矿化一般较普遍，能构成矿床(点)的有：产于上三叠统麦初箐组二段层间破碎带中的石磺厂砷矿；产于侏罗系断裂破碎带中的大井铁砷矿及田口村砷矿等。

综上所述，研究区内矿产种类繁多，各类矿产分布集中，重砂、土壤化探异常与已知矿床(点)重合较好，是一个以金、锑为主，综合找矿有前景的区域。

第3章 矿区地质

扎村金矿区地处紫金山复式背斜南部倾没端的东侧。矿区由上三叠统三合洞组（T_3s）灰岩至中侏罗统花开左组（J_2h）红层等组成，为一近南北向展布的向东倾斜的单斜构造。主干断裂构造则平行于复式背斜轴向呈北北西向或近南北向分布。扎村金矿赋存于矿区中部的推覆-滑脱断裂构造破碎带中。矿区地质略图如图3-1所示。

3.1 地层

区内地层分布主要受呈近南北向产出的含金破碎带控制。现将矿区内出露的地层由老到新叙述如下。

3.1.1 三叠系（T）

三叠系（T）地层分布如下：

（1）上统麦初箐组（T_3m）：分五段。

①一段（T_3m^1）：分为2个亚段。

一亚段（T_3m^{1-1}）：灰黑色泥质粉砂岩夹细砂岩及炭质泥岩。厚78.68 m。

二亚段（T_3m^{1-2}）：灰白色中粒长石石英砂岩夹泥质粉砂岩，岩层内大型斜层理发育。厚221 m。

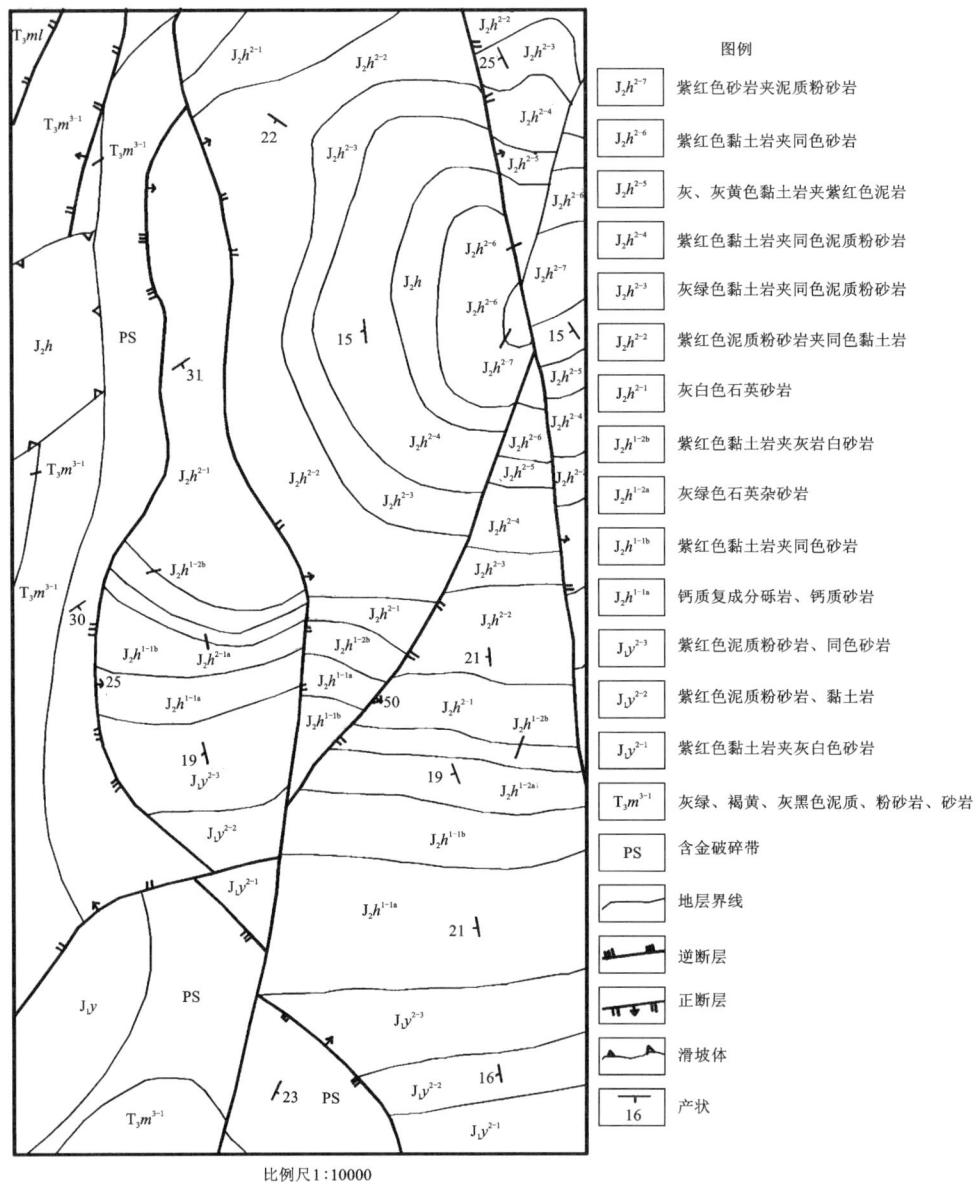

图例

J_2h^{2-7}	紫红色砂岩夹泥质粉砂岩
J_2h^{2-6}	紫红色黏土岩夹同色砂岩
J_2h^{2-5}	灰、灰黄色黏土岩夹紫红色泥岩
J_2h^{2-4}	紫红色黏土岩夹同色泥质粉砂岩
J_2h^{2-3}	灰绿色黏土岩夹同色泥质粉砂岩
J_2h^{2-2}	紫红色泥质粉砂岩夹同色黏土岩
J_2h^{2-1}	灰白色石英砂岩
J_2h^{1-2b}	紫红色黏土岩夹灰岩白砂岩
J_2h^{1-2a}	灰绿色石英杂砂岩
J_2h^{1-1b}	紫红色黏土岩夹同色砂岩
J_2h^{1-1a}	钙质复成分砾岩、钙质砂岩
J_y^{2-3}	紫红色泥质粉砂岩、同色砂岩
J_y^{2-2}	紫红色泥质粉砂岩、黏土岩
J_y^{2-1}	紫红色黏土岩夹灰白色砂岩
T_3m^{3-1}	灰绿、褐黄、灰黑色泥质、粉砂岩、砂岩
PS	含金破碎带
⌒	地层界线
⌒⌒	逆断层
⌒⌒	正断层
⌒⌒	滑坡体
⊥16	产状

比例尺1:10000

图 3-1　巍山县扎村金矿区地质略图

[据 1:20 万巍山幅区域地质调查报告(地质部分)资料]

②二段(T_3m^2)：灰绿、灰黑色细—中粒石英砂岩与泥质粉砂岩、页岩不等厚互层。厚 162.5 m。

③三段(T_3m^3)：由 2 个亚段组成。

一亚段(T_3m^{3-1})：灰绿、灰黑色泥质粉砂岩，钙质粉砂岩，上部夹薄层石英砂岩，局部见泥质结核。厚 40 m。

二亚段(T_3m^{3-2})：浅灰、灰黑、灰绿色泥质粉砂岩、含云母细砂岩夹炭质黏土岩或煤线及薄—中厚层状灰岩、泥灰岩。泥灰岩沿走向、倾向均有相变，多呈规模不等的透镜体产出。厚 171 m。

④四段(T_3m^4)：灰绿、褐黄、紫红色泥岩、粉砂岩及细—中粒石英杂砂岩(杂色层)。厚 15～34 m。

⑤五段(T_3m^5)：为金矿化层，地表具强烈褪色蚀变。

(2)上统挖鲁八组(T_3wl)：分布在矿区西缘，出露不全，分为 2 个岩性段。

①一段(T_3wl^1)：深灰—灰黑色含钙质、粉砂质水云母页岩，局部含炭质。厚 158.7 m。

②二段(T_3wl^2)：灰黑、褐黄色页岩、粉砂岩、偶夹薄层细砂岩。厚 116 m。

(3)上统三合洞组(T_3s)：分布在矿区西部，由于断裂破坏，出露不全，分为三个岩性段。

①一段(T_3s^1)：深灰色厚层—块状灰岩、粉晶纯灰岩及生物碎屑灰岩。厚 93.40 m。

②二段(T_3s^2)：灰黑色薄—中厚层状灰岩夹薄层状含粉砂泥质灰岩及灰紫色薄层状钙质细砂岩。厚 73.2 m。

③三段(T_3s^3)：深灰色层厚—块状含燧石结核。厚 108.9 m。

3.1.2　侏罗系(J)

侏罗系(J)地层分布如下：

(1)中统花开左组一段(J_2h^1)：分两个亚段。

①一亚段(J_2h^{1-1})：由七个岩性层组成。

J_2h^{1-1a}：下部主要为紫红色泥质粉砂岩与同色厚层状粉砂岩互层；上部为紫红色厚层状细粒石英杂砂岩及同色厚层状黏土互层，间夹两层厚约 1.5 m 的灰白色石英细砂岩。未见底，厚度大于 19.54 m。

J_2h^{1-1b}：底部为中—厚层状紫红色细粒石英杂砂岩；中部为紫红色厚层状黏

土岩；上部为紫红色泥质粉砂岩与同色钙质细砂岩不等厚互层。普遍夹钙质复成分砾岩。厚 43.09 m。

J_2h^{1-1c}：底部为紫红色中厚层状黏土岩；中部为紫红色砂岩及同色钙质细砂岩，在钙质细砂岩内夹一层厚为 2.04 m 的紫红色钙质复成分砾岩；顶部为灰白、灰绿色石英杂砂岩，其间夹一层厚约 3.40 m 的紫红色钙质复成分砾岩，该层砾岩局部地段呈透镜状断续分布。厚 25.09~43.64 m。

J_2h^{1-1d}：顶部为紫红色钙质复成分砾岩；中下部为同色钙质细砂岩，在钙质细砂岩中局部地段复成分砾岩呈断续透镜体分布。厚 12.97~58.03 m。

J_2h^{1-1e}：紫红色黏土岩与同色细粒石英杂砂岩、泥质粉砂岩不等厚互层，偶见钙质复成分砾岩。厚 9.54~21.40 m。

J_2h^{1-1f}：灰绿色中厚层状细粒石英杂砂岩及紫红色黏土岩。厚 5.04~15.81 m。

J_2h^{1-1g}：紫红色黏土岩夹同色细粒石英杂砂岩，偶夹同色钙质复成分砾岩。厚 20.27~24.17 m。

②二亚段（J_2h^{1-2}）：由七个岩性层组成。

J_2h^{1-2a}：灰白色微带红色中厚层状石英杂砂岩夹一层厚约 1 m 的紫红色石英杂砂岩、泥质粉砂岩。厚 13.92~32.21 m。

J_2h^{1-2b}：紫红色中厚层状细粒石英杂砂岩夹同色泥质粉砂岩、黏土岩，偶见紫红色钙质复成分砾岩，呈透镜体产出。厚 28.94 m。

J_2h^{1-2c}：灰绿色黏土岩夹同色泥质粉砂岩、细粒石英砂岩，偶夹紫红色钙质复成分砾岩透镜体。厚 8.44 m。

J_2h^{1-2d}：紫红色黏土岩夹同色泥质粉砂岩。厚 7.62 m。

J_2h^{1-2e}：灰—灰黄色黏土岩夹紫红色细粒石英杂砂岩。厚 2.19 m。

J_2h^{1-2f}：紫红色黏土岩为主，夹两层同色细粒石英杂砂岩。厚 47.28 m。

J_2h^{1-2g}：紫红色中厚层状细粒石英杂砂岩夹同色泥岩、粉砂岩，未见顶。厚度大于 3.7 m。

（2）下统漾江组（J_1y）：仅在矿区北东侧零星出露第二段。

二段（J_1y^2）：紫红色厚层状泥岩，夹少量同色粉砂岩。泥岩中见杂色斑点和条带。未见底。厚度大于 50 m。

3.1.3 第四系（Q）

第四系滑坡物和坡残积物（Q^{del}、Q^{dl}）：滑坡物包括第四纪早期整体下滑的紫红色泥岩、粉砂岩、石英砂岩以及含金破碎带的部分岩石；冲、洪积物主要为泥、沙、砾石等；坡残积物主要为泥土、岩石碎屑、岩块等。厚 0~60 m。

3.2　构造

矿区处于紫金山复式背斜南部倾没端东翼，西侧有区域性的以三合洞断裂为主的纵向断层带通过。矿区内有近南北向的推覆-滑脱断裂（即含金破碎带），其次为北东东向断裂、北东向断裂等。上述断裂互相交切，呈网格状分布。由于构造作用具多期次活动的特点，致使区内次级小断裂、裂隙、小型揉皱特别发育，尤其是在含金破碎带内发育更强烈，为区内含矿热液提供了良好通道和储矿空间。现按断裂的产出特征及序次叙述如下（图 3-2）。

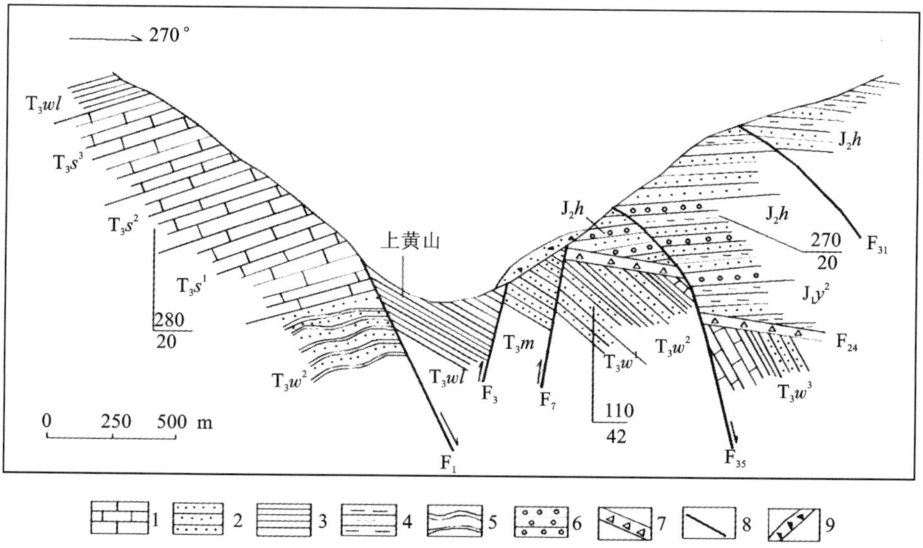

图 3-2　扎村金矿区地质构造示意图

1—灰岩；2—砂岩；3—页岩；4—泥岩；5—板岩；

6—砾岩；7—含金破碎带；8—断层；9—滑坡体

3.2.1 断裂

1.三合洞断裂（F_1）

三合洞断裂为区内最早一期断裂，位于矿区西部，近南北走向，向东倾斜，倾角为60°～70°。系正断层，断层破碎带一般宽10～40 m，带内岩石极其破碎，普遍具褐铁矿化，塑性岩石多发生挠曲，脆性岩石多具角砾和碎裂构造。破碎带内局部有金矿化和零星锑矿化。该断裂为区域性成矿断裂，属扎村金矿区主要导矿系统的一部分。

2.推覆–滑脱断裂（F_{24}）——含金破碎带

详见3.2.2小节，此处略。

3.北北东向断裂组

北北东向断裂组包括F_6、F_3、F_{34}，为区内第三期断裂，系正断层。

（1）F_3（冷家断裂）

F_3断裂位于测区西部，南起岩子脚村东侧的岔河口，北至阿皮洒都，呈北北东向或近南北向延伸，长约3 km。断面倾向北西西，倾角为60°～75°。段层破碎带宽5～10 m，由黑色页岩、泥岩、深灰色石英砂岩之角砾岩以及断层泥等物质组成。断裂南段被北东向的F_1、F_{15}两断裂交切而错位，北段则被近南北向的F_{35}断裂错断。

（2）F_{34}断裂

F_{34}断裂呈北北东向展布，长约3 km，断面呈波状，总体倾向南东东，倾角约为50°～70°，该断裂在矿区南部交切含金破碎带，由于断距较小，对含金破碎带的破坏不大，断裂南段被南北向的F_{35}断裂错断。

（3）F_6断裂

F_6断裂南起岔河源头，北至上黄山滑塌体前缘，南北长约1.5 km，断面呈波状，倾向西，倾角为70°～80°。该断裂北延被上黄山滑塌体掩盖，中部被F_{15}错位。

4.北东向—北东东向断裂组

包括F_7断裂、F_{15}断裂，为区内第四期断裂，系正断层。

（1）F_7断裂（伽家断裂）

F_7断裂北段与冷家断裂（F_3）近于平行，南段呈南西向向南延伸至黄土坡一带,全长约 4.5 km。断裂总体倾向北西,倾角为 79°。该断裂在扎村矿段沿含金破碎带西缘平行展布,局部交切含金破碎带,而且由于上盘(西侧)下滑的牵引作用,使含金破碎带近地表部位倾角有变缓的趋势,并成为该区现代滑坡发生的诱因之一。

(2)F₁₅ 断裂

F_{15} 断裂西起岩子脚,东至上扎村,呈北东东向展布,长约 1.5 km,断面倾向南南东,倾角较陡。该断裂分别错断 F_1、F_3、F_6 等断裂,断裂东段切穿了含金破碎带的南部地表出露带,由于断距小,对含金破碎带破坏不大。

5. 近南北向断裂组

F_{35}、F_{31} 断裂分别产于矿区中部和东部,呈近南北向纵贯测区,长度均大于 2 km,断裂总体倾向东,倾角为 50°~70°。该组断裂为区内第五期断裂,性质为张扭性正断层。

其中 F_{35} 断裂发育于矿区中部,总体上呈一微向东凸出的弧形,其南、北两端均已切穿含金破碎带的地表出露带。

6. 次级小断裂

区内次级小断裂发育,将其特征总结如下:

(1)小断裂主要分布在含金破碎带上盘(红层)及下盘(砂、泥岩)岩石中,距离含金破碎带越近其分布频率越高。

(2)小段落具有规模小、断距小、断裂破碎带窄小(一般 10~40 cm)的特征。

(3)按小断裂产出特征,相互间的切割关系可划分为以下三种类型。

①北北东向小断裂组:为最早一期小断裂。断面东倾,倾角一般为 14°~35°,断面呈波状起伏,破碎带厚度变化大,一般为 0.1~1 m,破碎带内见微弱的黄铁矿化,据采样分析结果表明,破碎带内有微弱的金矿化。

②北北西向小断裂组:为区内第二期小断裂。该组断裂倾向东,倾角为 50°~60°,断面多为锯齿状,显张性特征。破碎带厚 0.2~2.5 m,破碎带内见有微粒黄铁矿稀疏分布,据化学样分析资料可知金矿化微弱。

③北东向小断裂组:为区内第三期小断裂,主要产于岩性差异较大的接触界面(如砂岩中的泥岩夹层),为一组层间滑动小断裂。其产状随地层产状的变化而变化,主要向东倾,倾角一般为 40°~60°,具有断距小、破碎带窄小的特征。破碎带内无蚀变矿化显示。

7. 现代滑坡构造

（1）滑坡体群的分布特征

在含金破碎带西侧，沿上黄山支沟一线分布着长约 1.5 km，宽 300~500 m 的滑坡体群，其长轴方向与沟的延伸方向一致，约为北东 30°，沿上黄山支沟由北东向南西，由高到低构成了三级以上的滑坡体台阶，其总体形态为一向南西延伸的长舌形，上黄山矿段即为该舌形滑坡体的舌尖及前缘部位。滑塌物质主要由含金破碎带及其上覆 J_2h 红层组成，局部地段 T_3m 地层零星产于滑塌体底部。受滑坡构造活动的影响，滑塌体内岩石多破碎，但由于该滑坡体属整体滑塌性质，含金破碎带及 J_2h 地层尚能基本保持其完整性，两者之间界线较为清楚。

由于滑坡体群的产生，破坏了扎村矿段金矿体的地表出露部位，并造成了厚达 20~55 m 的滑坡堆积物的覆盖层，致使扎村矿段主要金矿体近地表部位大多隐伏于滑坡体之下。

（2）滑坡机制

区内伽家断裂（F_7）呈北北东走向，北西西倾向，在含金破碎带西缘沿坡穿过，加速了该地带的风化、切割速率，致使断裂带东侧产生重力平衡失调，而含金破碎带的上覆岩层（红层）向西倾斜，其岩层层理成为理想的滑动面，特别是含金破碎带以及其上覆红山泥岩等较弱岩石在地下水及地表水的参与下，成为很好的"润滑剂"，从而顺上黄山支沟一线由北东向南西，形成了滑坡的广泛发育。

3.2.2 含金破碎带

1. 含金破碎带的分布范围、规模、形态及产状

含金破碎带南起射白足，北至五里巷南北长约 9 km。其中，矿区内南起上扎村，北至阿皮洒都，长约 2.5 km，水平宽 50~200 m。钻探控制矿带最大斜深已达 400 m 以上，垂直厚度为 20~90 m。破碎带倾向南东东，倾角为 20°~35°。

该破碎带下盘地层为上三叠统挖鲁八组（T_3wl）和麦初菁组（T_3m），地层倾向东，倾角为 30°~45°；破碎带上盘逆冲了一套总体向西倾斜，倾角为 10°~20° 的下侏罗统漾江组（J_1y）和中侏罗统花开左组（J_2h）的红色系地层。

2. 含金破碎带的岩性组成特征

根据组成破碎带的各类岩石的产出部位、蚀变、构造特征及岩性组合特征，可划分出以下三个构造蚀变带（图 3-3）：

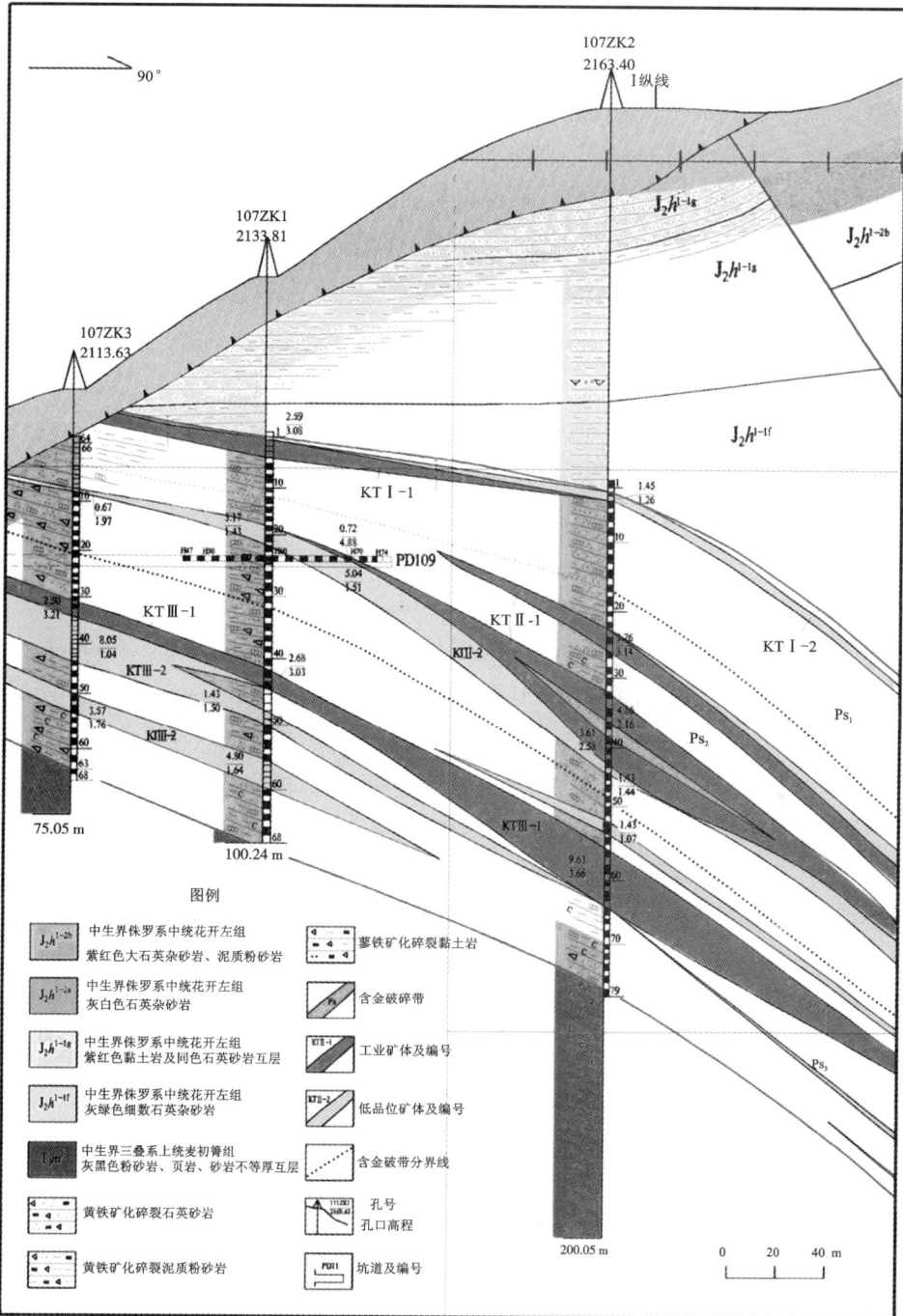

图 3-3 含金破碎带(F_{24})的垂向分布特征

（1）上部构造蚀变带——杂色角砾岩带（Ps$_1$）

分布在破碎带上部，沿走向、倾向连续性好，一般垂直厚度为 2~6 m，岩性以浅红、肉红、灰白色的构造角砾岩为主。角砾大小不等，一般砾径为 0.5~5 cm，角砾成分以浅色的泥岩、泥质粉砂岩为主，石英杂砂岩次之，钙质复成分砾岩偶见，呈混杂产出；胶结物以浅灰白色的黏土矿物为主，岩粉、岩屑次之，胶结疏松。岩石具强度不等的黄铁矿化、硅化、碳酸盐化及褪色化等蚀变作用。

该构造蚀变带的特点是岩石破碎程度高，主要显示出张性的角砾构造特征。

（2）中部构造蚀变带——灰、浅灰色碎裂、角砾岩带（Ps$_2$）

产于含金破碎带中上部，蚀变带垂直厚度为 5~20 m。岩性组成较上部构造蚀变带复杂，以浅灰—深灰色黏土岩质角砾岩和同色碎裂岩为主，深灰色钙质粉砂岩质角砾岩、砂岩质角砾岩及同色碎裂岩次之，浅灰—浅肉红色泥质粉砂岩质角砾岩及同色碎裂岩偶见，一般呈近于顺层、断续分布、大小不等的构造残留体产出。岩石具强度不等的黄铁矿化、硅化、碳酸盐化等蚀变作用。

该蚀变带的特点是岩石破碎程度较上部蚀变带低，构造岩的表现形式具有张性的碎裂—角砾的杂乱分布特征；同时在碎裂岩的构造残留体内可见到早期压性和压扭性羽状裂隙被后期的张性裂隙交切的现象。

（3）下部构造蚀变带——灰黑色碎裂岩夹角砾岩带（Ps$_3$）

分布在破碎带中下部，沿走向、倾向连续性好，厚度变化大，垂直厚度为 20~70 m。该蚀变带岩性组成较复杂，岩性以灰黑色炭质黏土岩的碎裂岩及角砾岩为主，灰黑色粉砂岩、石英杂砂岩质碎裂岩及角砾岩次之，深灰色泥灰岩质破碎岩少见。蚀变带内岩性具有从南向北由 T_3m^{3-2} 逐渐过渡到 T_3m^1 及 T_3wl 的特征，倾向上具有自西向东由老逐渐变新的特征。

该蚀变带内黄铁矿化、硅化、碳酸盐化等具有强度差异大、分布广泛的特征。

3.含金破碎带内的构造特征

含金破碎带内广泛分布、发育有程度不同的次级小断裂、裂隙，按其生成顺序及产出特征分述如下。

（1）小断裂

①破碎带内的控矿小断裂

破碎带内的控矿小断裂为早期生成，断裂走向与破碎带展布方向一致，倾向东，倾角为 40°~60°，与破碎带锐角斜交，断面凹凸不平，现将其特征简述如下：

a.断裂由密集分布的裂隙组成，由倾向 40°~70°的早期压扭性羽状裂隙和倾向 60°~110°的第二期张性裂隙交错叠加而成（图 3-4）。

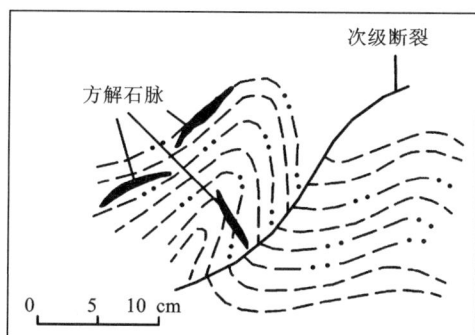

图 3-4　揉皱构造与次级断裂关系素描图

b.断裂破碎带内的黄铁矿化、碳酸盐化、硅化等蚀变较强，并具有多次叠加的特征。

该类断裂是含金破碎带内的主要储矿构造，如图 3-5 所示，两组裂隙叠加构成储矿小断裂。断裂带内擦痕、牵引褶皱发育。

②破碎带内的破矿小断裂

a. 压性小断裂：产状为（80°~100°）∠（40°~50°），断面呈舒缓波状。破碎带宽度一般为 0.2~0.5 m。仅见较规则的方解石和玉髓石英细脉。由于该组断裂规模小，对矿体破坏微小。

b.扭性小断裂：产状为 110°∠（70°~85°），断面平整，破碎带窄小。为最晚期小断裂，它局部切割第一期断裂，对矿体破坏作用小。

（2）裂隙

破碎带上部角砾岩化强烈，裂隙多被破坏、掩盖；中部和下部角砾岩中裂隙大多亦被掩盖，仅在碎裂岩内出现。现按期次、产出特征及其与金矿化的关系简述如下：

①与金矿化关系较密切的裂隙

a.北北西向剪压裂隙组：为最早一期裂隙，分布广泛，但发育程度不等，其产状为（60°~75°）∠（40°~50°）。

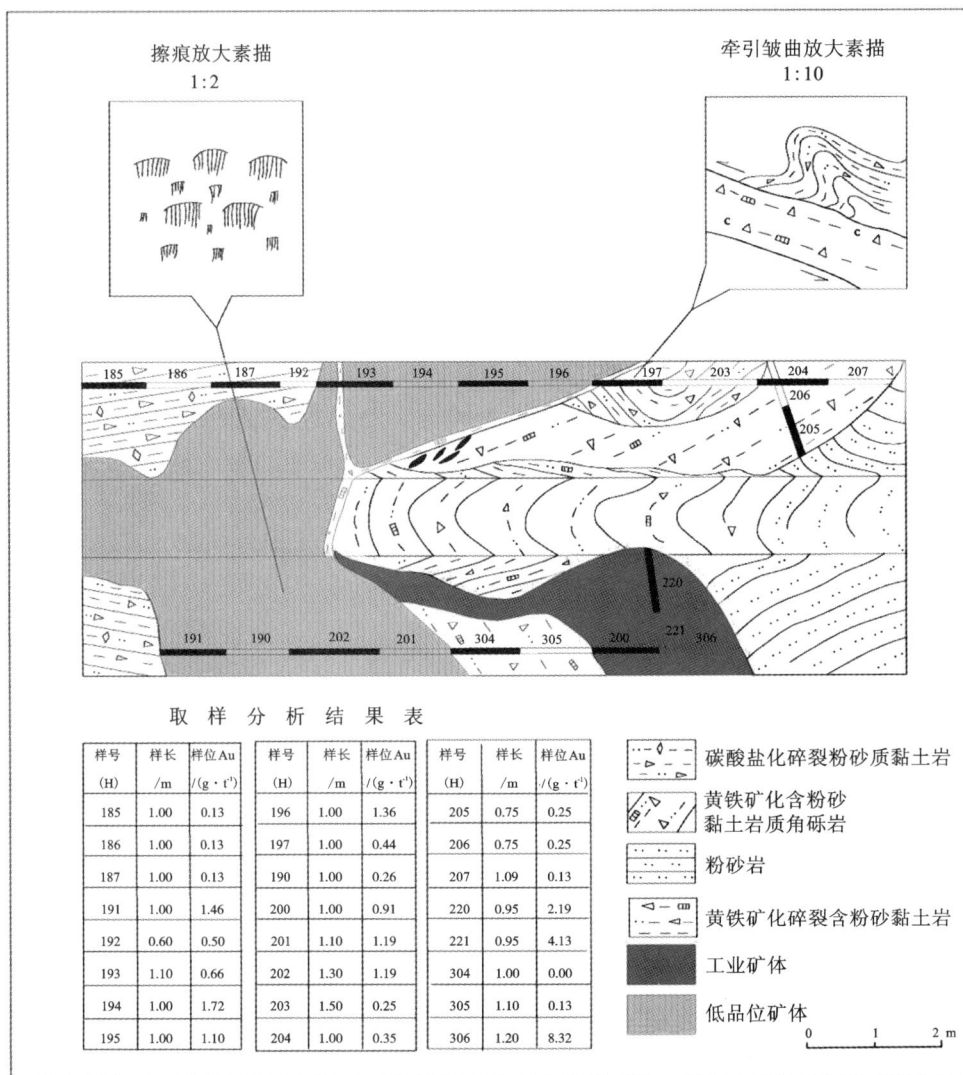

擦痕放大素描
1:2

牵引皱曲放大素描
1:10

图 3-5　构造与金矿化之间关系素描图

据对 PD12 坑并结合钻孔进行裂隙统计，其分布频率为 15~30 条/m；而在矿体内的分布频率一般大于 30 条/m。

裂隙内热液蚀变强烈，主要有硅化、黄铁矿化。白云石呈脉状充填于裂隙中，脉宽 0.5~2 cm，脉长 20~50 cm，具有尖灭再现、尖灭侧现、密集分布的特征；石英含量较少，主要呈细脉状充填于裂隙中，或与白云石共生成复脉产出；

黄铁矿以粗粒(粒径 1~3 mm)半自形晶为主,部分为五角十二面体聚形晶,主要呈密集浸染状与不规则脉状石英共生,产于裂隙中,或呈稀疏浸染状产于裂隙周围的岩石中。

由于后期多次构造活动的叠加,在碎裂岩中该组裂隙往往被后期裂隙切割或错断(图 3-6);在角砾岩带内则往往被后期构造活动所破坏,仅能见到被搓碎的铁白云石、石英断脉和碎块。粒状黄铁矿则往往产于上述石英断脉或碎块中,并且多具碎裂结构。

b. 北北东向张扭裂隙组:为破碎带中的第二期裂隙,分布广泛,发育程度不等,其产状为(110°~125°)∠(60°~80°),据 PD12 坑统计,其分布频率为 14~25 条/m,在矿体内分布频率一般大于 20 条/m。

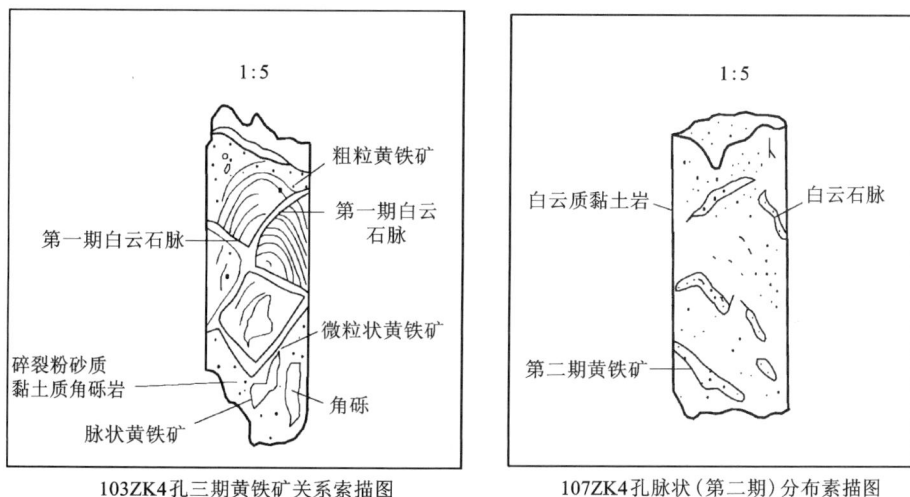

103ZK4孔三期黄铁矿关系索描图　　　107ZK4孔脉状(第二期)分布素描图

图 3-6　后期裂隙切割早期裂隙素描图

裂隙内热液蚀变较强,主要有碳酸盐化、黄铁矿化和弱硅化。白云石常充填于裂隙中,呈不规则脉状产出,脉宽 0.5~3 cm,脉长 5~30 cm,具有尖灭再现、尖灭侧现、密集产出的特征。黄铁矿主要有两种类型:一种为中—细粒五角十二面体的粒状集合细脉(图 3-6);另一种为细粒半自形粒状集合体,呈斑点或团块状产出。石英含量少,主要为一些不规则细脉充填于裂隙中,或呈粒状浸染于裂隙周围的岩石中。

②与金矿化关系不明显的裂隙组

该组裂隙为破碎带中第三期裂隙，其产状为倾向 145°~160°，倾角 45°~50°。该组裂隙的特点是发育程度较第一、第二期裂隙低。裂隙内的蚀变矿化较弱，主要有呈微细脉产出的白云石脉和浸染状产出的细—微粒状黄铁矿斑块或斑点，黄铁矿在碎裂岩带内往往与白云石脉共生产出，呈浸染状分布在白云石中；黄铁矿在角砾岩带内则主要呈浸染状不均匀地分布在角砾岩之泥质胶结物中。据化学样分析结果表明：该类黄铁矿如与第一、第二裂隙中的黄铁矿混合叠加产出，则金矿化增强。

③与金矿化无关的裂隙

破碎带中有两组，走向均为北西，但倾向相反。

倾向南西裂隙组：为破碎带内的第四期裂隙，产状为倾向 240°~260°，倾角 45°~70°。该组裂隙为张剪性质，其分布频率为 14 条/m，裂隙内矿化蚀变微弱，仅见不规则的方解石脉产出。

倾向北东的裂隙组：与倾向南西的裂隙组为同期产物，产状为倾向 25°~30°，倾角 45°~50°，其分布频率为 11 条/m，裂隙内矿化、蚀变微弱。

4.含金破碎带的蚀变特征

含金破碎带的上、中、下三个构造蚀变带的角砾岩和碎裂岩中，伴随多期次构造活动，亦有多期次蚀变矿化，常见的有黄铁矿化、硅化、碳酸盐化、重晶石化、绢云母化。特点是蚀变矿化的强度差异大，蚀变矿物分布不均匀。

（1）黄铁矿化

破碎带内黄铁矿化较强，分布广泛，按其产出形态、生成序次、分布特征、晶形、粒级可划分为四种类型：第一期粗粒黄铁矿化，主要呈浸染状产于早期北北西向剪压裂隙中，特点是黄铁矿晶形以五角十二面体为主，次为立方体与五角十二面体的聚形晶，其粒度一般为 1~2 mm；第二期中—细粒黄铁矿化，主要呈粒状集合细脉产于第二期北北东向张扭裂隙中，其单粒晶形以半自形粒状为主，自形五角十二面体为次，粒度一般为 0.3~0.8 mm；第三期细粒黄铁矿化，与中—细粒黄铁矿为同期产物，主要呈细粒集合斑点或斑块产于第二期裂隙的膨大部位，晶形以半自形粒状为主，它形粒状为次，粒度一般为 0.3~0.5 mm；第四期微粒黄铁矿化，主要呈细粒浸染状产于第三期北东向压扭裂隙中，往往与白云石脉共生，次者呈不均匀浸染状产于角砾岩带内的泥质胶结物中，晶形以自形五角十二面体为主，半自形粒状为次(图 3-7)[64]，粒度一般均小于 0.2 mm。

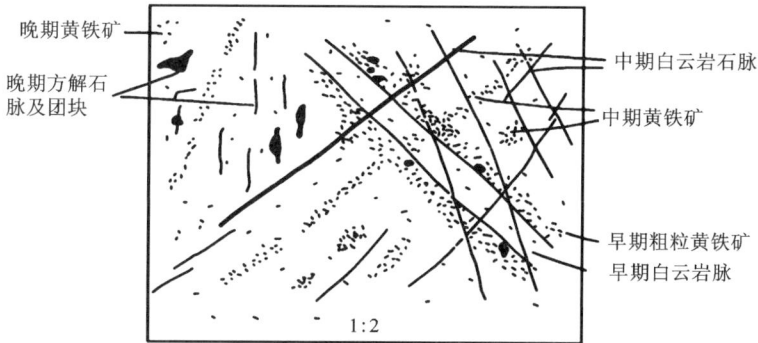

晚期黄铁矿
晚期方解石脉及团块
中期白云岩石脉
中期黄铁矿
早期粗粒黄铁矿
早期白云岩脉

1:2

图 3-7　各期黄铁矿分布特征素描图

（2）硅化

破碎带内硅化较弱，主要以充填和交代两种形式出现，其产物主要呈他形和半自形粒状集合石英脉或浸染状粒状石英，其次为乳胶状玉髓脉。其中早期产出的石英主要沿第一期压性裂隙呈单脉产出，或与铁白云石共生呈复脉产出，该类石英常与粗粒黄铁矿共生。中期石英主要沿第二期张性裂隙呈不规则脉或斑块产出，或呈粒状浸染于裂隙周围的岩石中。后期硅化的蚀变产物主要是较纯净的乳白色玉髓脉，主要分布在第三期压性裂隙中，大多呈单脉产出。其中早期和中期硅化与金矿化关系密切。

（3）碳酸盐化

包括白云石化和方解石化，在破碎带内分布广泛，强度差异大。共有四个期次的产物：第一期为铁白云石化，主要分布在破碎带内的早期剪压裂隙中，呈它形或半自形粒状集合脉，以充填为主；第二期为白云石化，主要为它形粒状集合不规则或斑块、团块产于第二期张性裂隙中，或呈浸染状分布在裂隙周围的岩石中；第三期也为白云石化，主要分布在破碎带内第三期压性裂隙中，特点是脉体细小，平直；后期方解石化，在破碎带中分布广泛，发育程度不等，主要呈不规则脉体或团块产于第四期张性裂隙中。

（4）重晶石化

在含金破碎带中较为少见，主要呈半自形粒状、浸染状分布于白云石脉或白云石-石英复脉中，或呈脉状穿插于白云石脉中，据薄片中铁白云石-石英复脉受后期构造叠加破碎后，常见有重晶石脉的穿插，相继又有玉髓脉切穿重晶石脉，亦见有重晶石脉穿切方解石的现象，说明重晶石化应为中期和晚期的产物。

(5)绢云母化

破碎带中较少见，从薄片中见绢云母与玉髓石英共生产于经构造破碎的黄铁矿裂隙中，或在角砾岩中与泥质胶结物共生产出，并见有绢云母交代重晶石、白云石和黄铁矿的现象，说明绢云母为晚期蚀变产物。

综上所述，粗粒黄铁矿化，并有聚形晶出现，当有呈脉或团块产出的细—中粒黄铁矿叠加在其间，同时伴随有硅化及白云石化时，则金矿化强。而上述与金矿化有关的热液蚀变在破碎带中的发育程度对岩性没有明显的选择，矿化强度主要是受第一期和第二期裂隙组的控制，该二期裂隙密集产出，并叠加在一起，则可构成工业矿体，如无叠加则仅能形成表外矿或强矿化带。如图3-8所示，第一、二期黄铁矿叠加产出，而且含量大于3%，而第三期黄铁矿则与金矿化无明显的关系。

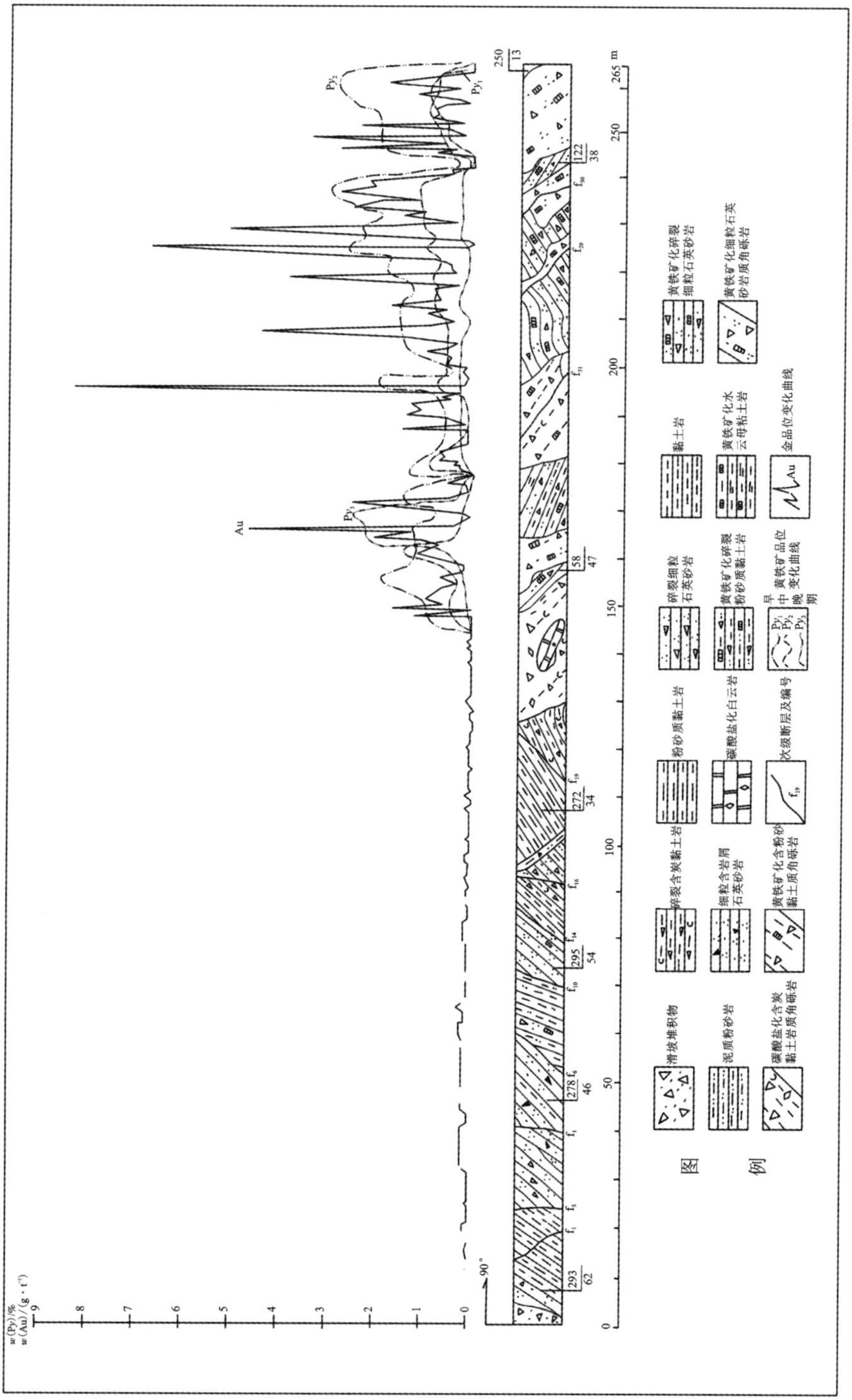

图 3-8　PD12 各期黄铁矿化与金矿化关系曲线对比图

第4章 矿床地质特征

4.1 矿床特征

4.1.1 赋矿部位

扎村金矿矿体均赋存于近南北向推覆-滑脱断裂（F_{24}）构造破碎带中。该破碎带南起射白足，北至五里巷，南北长约 9 km。该破碎带下盘为上三叠统挖鲁八组（T_3wl）和麦初箐组（T_3m），地层倾向东，倾角为 30°～45°；破碎带上盘逆冲了一套总体向西倾斜，倾角为 10°～20° 的下侏罗统漾江组（J_1y）和中侏罗统花开左组（J_2h）的红色岩系地层[65]。

4.1.2 矿化带特征

根据含金破碎带（F_{24}）内金矿化的空间分布，划分了 1 个矿化带（Ps）。矿化带南起 112 线，北至 127 线，长约 815 m，浅部宽 25.40～99.86 m，走向北北东，倾向南东东，倾角为 20°～35°。矿化带垂直厚度为 20～90 m。地表大部分被花开左组（J_2h）构成的上黄山滑坡体掩盖，在 108 线附近及其以南出露，在 115 线呈剥蚀天窗出露。在 111～127 线间，矿化带被正断层 F_{35} 错断，最大落差为 226 m（115 线）。

根据含金破碎带的结构、构造特征及蚀变矿化特征，可划分出上、中、下三个构造蚀变带,编号分别为 Ps_1、Ps_2、Ps_3,各构造蚀变带的岩性、结构构造及蚀变特征详见 3.2.2 小节。在上部构造蚀变带内有 KTⅠ号矿体呈透镜状产出,在中部构造蚀变带内有 KTⅡ号矿体呈透镜状产出,在下部构造蚀变带内有 KTⅢ号矿体呈似层状、透镜状产出。上部构造蚀变带内含矿岩石以石英砂岩和石英杂砂岩为主,中部构造蚀变带内含矿岩石以粉砂岩和泥质粉砂岩为主,下部构造蚀变带内含矿岩石以黏土岩、粉砂质黏土岩为主。矿化带具黄铁矿化、硅化、碳酸盐化,局部偶见重晶石化和绢云母化。金属矿物以黄铁矿为主,有少量方铅矿、闪锌矿、辉锑矿、自然铅、辰砂、锡石、白钨矿、磁铁矿、褐铁矿及自然金等,主要为低温矿物组合。

4.2　矿体特征

扎村矿床由两个矿段组成,即扎村矿段和上黄山"滑塌体"矿段。其中扎村矿段是本区金矿体的主要产出地段。

4.2.1　扎村矿段矿层划分

扎村金矿体赋存于含金破碎带中,南起 112 线,北至 127 线(图 4-1),长约 880 m,宽约 300 m,面积 0.25 km² 的范围内。含金破碎带垂直厚度为 20~90 m,在其上、中、下三个构造蚀变组合带内,分别构成上、中、下三个矿(体)层。现将其特征和划分标志分述如下。

1. 各矿层含金破碎带内的垂向分带特征

Ⅰ、Ⅱ、Ⅲ三个矿层分别产于含金破碎带的上、中、下三个部位。Ⅰ矿层赋存在上部杂色角砾岩带内,距破碎带顶板垂直距离 2~20 m;Ⅱ矿层赋存在中部灰—深灰色碎裂、角砾岩带内,与Ⅰ矿层下部垂直距离为 5~25 m;Ⅲ矿层赋存在下部黑色碎裂岩带内,与Ⅱ矿层垂直距离为 5~20 m。

2. 各矿层赋矿岩石类型特征

三个矿层赋矿岩石类型均为蚀变碎屑岩(包括石英砂岩、黏土岩、粉砂岩)及其破碎岩和角砾岩。通过分配比例计算,Ⅰ矿层中石英砂岩、粉砂岩、黏土岩的比例大致为 5:3:2,Ⅱ矿层为 1:4:2,Ⅲ矿层为 1:2:5。显示出上部矿层中赋矿岩石类型以石英砂岩和石英杂砂岩为主;中部矿层以粉砂岩和泥质粉砂岩为主;下部矿层以黏土岩和粉砂黏土岩为主。

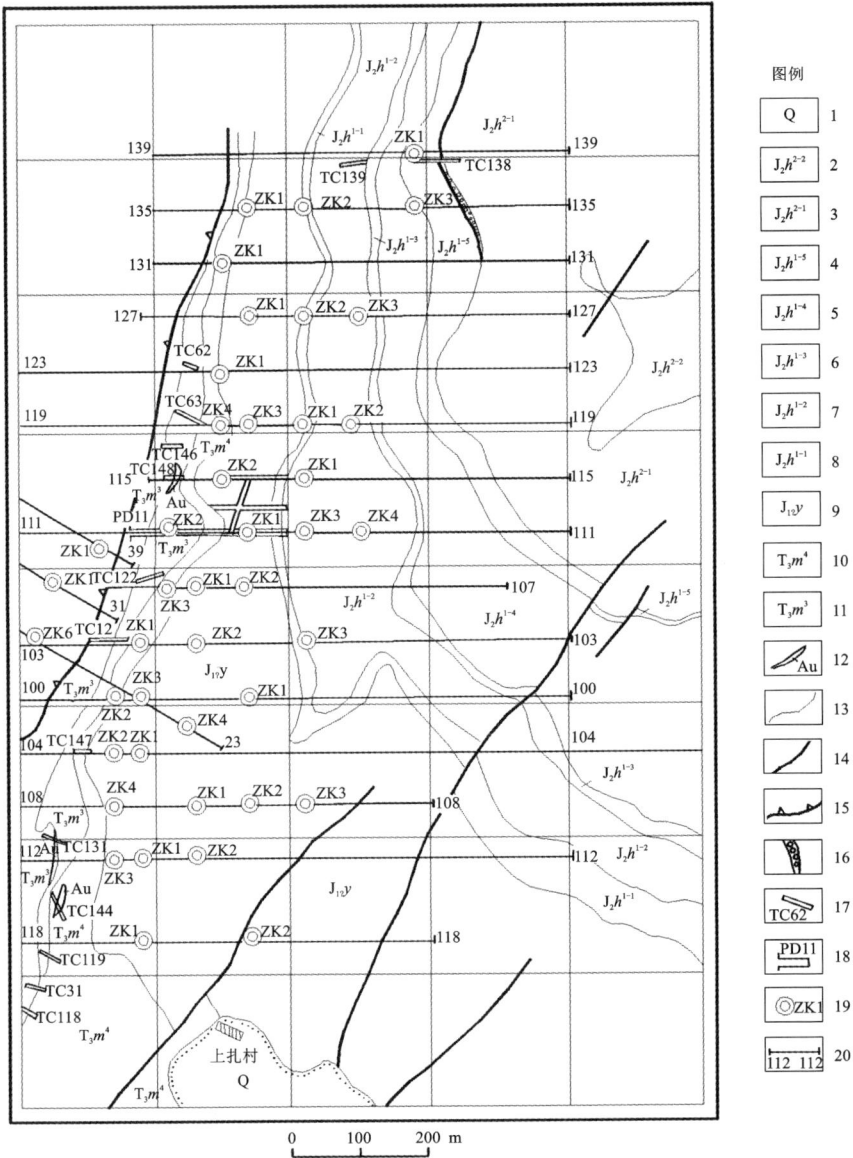

图 4-1　扎村金矿区工程布置图[66]

1—浮土；2—紫红色粉砂岩、泥岩；3—紫红色泥岩夹粉砂岩、细砂岩；4—灰白色石英砂岩、砂岩；5—紫红色泥夹少量泥质粉砂岩、细砂岩；6—灰白色细砂岩、泥岩；7—紫红色泥岩夹粉砂岩、细砂岩；8—上部灰白色石英砂岩，下部灰白色粉砂质泥岩；9—紫红色泥岩，泥质粉砂岩夹细砂岩、石英砂岩，灰岩质同生砾岩透镜体；10—浅灰、紫红色黏土岩，石英砂岩；11—上部灰黑色粉砂岩、黏土岩，下部灰绿色粉砂岩、页岩、细砂岩互层；12 金矿体；13—地质界线；14—断层；15—滑坡；16—破碎带；17—探槽及编号；18—坑道及编号；19—钻孔及编号；20—勘探线及编号

3. 各矿层赋矿岩石的构造破碎及蚀变特征

三个矿层赋矿岩石均为具有破碎和角砾构造的碎屑岩。通过对岩石破碎程度的统计、分析，Ⅰ矿层中岩石破碎程度较高，角砾岩和碎裂岩的比例大致为3∶1；Ⅱ矿层中角砾岩和碎裂岩的比例为1∶2；Ⅲ矿层中角砾岩和碎裂岩的比例为1∶3。显示出上部矿层岩石角砾化作用强，中部矿层次之，下部矿层角砾岩化作用较弱。

三个矿层赋矿岩石的热液蚀变类型均为石英-白云石-黄铁矿型，各类蚀变矿物的含量大致相同，但岩石的褪色蚀变有明显的差异，Ⅰ矿层褪色蚀变较强，以浅色为主；Ⅱ矿层褪色蚀变中等，以灰色、深灰色为主；Ⅲ矿层以黑色为主。

4. 各矿层的厚度变化和金品位变化系数

如表4-1所示，三个矿层的平均厚度和厚度变化系数分别为：Ⅰ矿层平均厚度为3.66 m，变化系数为69.3%；Ⅱ矿层平均厚度为6.22 m，变化系数为89.4%；Ⅲ矿层平均厚度为7.11 m，变化系数为93.8%。显示出三个矿层的厚度和厚度变化系数具有Ⅰ矿层<Ⅱ矿层<Ⅲ矿层的特点。

三个矿层的金品位变化系数分别为：Ⅰ矿层品位变化系数为148.9；Ⅱ矿层品位变化系数为31.5%；Ⅲ矿层品位变化系数为72.4%。显示出Ⅰ矿层品位变化系数较大，而Ⅱ矿层和Ⅲ矿层品位变化系数均较小。

表4-1 矿层厚度变化和品位变化系数统计表

矿层编号	垂直厚度/m			厚度变化系数/%	品位变化系数/%
	最小	最大	平均		
Ⅰ	1.00	8.51	3.66	69.3	148.9
Ⅱ	1.00	17.67	6.22	89.4	31.5
Ⅲ	1.01	22.30	7.11	92.8	72.4

总之各矿层的划分，是以其在破碎带中的空间分布位置为主要标志，并以赋矿岩石的类型差异、构造破碎程度、褪色蚀变程度以及各矿层的厚度和品位变化特点为辅助标志。

4.2.2 扎村矿段金矿体特征

扎村矿段三个矿(体)层中，共圈出了7个矿体(见表4-2，图4-2、图4-3和图4-4)。其中KTⅠ-1、KTⅡ-2、KTⅢ-1三个矿体规模较大，其余均为表外小矿体。现将主要的三个矿体分述如下：

1. KTⅠ-1矿体

KTⅠ-1矿体分布于112~115线，呈北北东向展布，倾向南东东，倾角约为25°，形态为一规则的透镜体。矿体长约620 m，平均水平宽约160 m，平均垂直厚度为3.66 m，厚度变化系数为69.3%，属比较稳定型，品位变化系数为148.9%，介于分布较均匀与分布不均匀型之间。

矿体结构简单，由大致顺层的表内和表外两个矿块构成。其中表内矿分布于100~111线，大致顺层产于矿体上部，平面形态为一向东微偏斜的北窄、南稍宽的马足形，长约320 m，平均水平宽约80 m，平均垂直厚度为2.07 m，厚度系数为67.3%，品位变化系数为93.2%。

2. KTⅡ-2矿体

KTⅡ-2矿体分布在112~127线，呈北北东向展布，倾向南东东，倾角为20°~30°，形态为一透镜体，局部分支呈复合状。矿体长约720 m，平均水平宽度为200 m，平均垂直厚度为6.22 m，厚度变化系数为89.4%，属比较稳定型，品位变化系数为31.5%，属矿化均匀型。

矿体结构复杂，由两个表内矿块和一个表外矿块连生组成。其中表内矿分布于100~123线，111线以北为一单层，产于该矿体上部，111线以南，纵Ⅱ线以东矿体较厚部位分岔为上、下两层，至100线又复合为一单层，平面形态为北部较窄、向南逐渐变宽的不规则葫芦形。长约520 m，平均水平宽度约为120 m，平均垂直厚度为1.50 m，厚度变化系数为68.4%；品位变化系数为40.3%。

矿体内夹石主要分布于107~103线，呈似层状、透镜体产出，局部呈分支复合状，其中最大一层夹石长约120 m，水平宽约100 m，平均厚约4 m，其余均为小夹层。

表 4-2　扎村矿段金矿体一览表

矿体产出部位	矿体编号	矿体结构及工业品级		产状	矿体规模				品位变化系数 /%
					长 /m	平均宽 /m	垂直厚度		
							垂直厚度 /m	变化系数/%	
上部	KTⅠ-1	KTⅠ-1	表内	110°∠25°	320	80	2.07	69.3	148.9
		KTⅠ-1	表外		620	160	3.24		
	KTⅠ-2		表外	110°∠30°	80	60	6.64		
中部	KTⅡ-1		表外	110°∠30°	160	80	2.05	89.4	31.5
	KTⅡ-2	KTⅡ-2	表内	110°∠25°	520	120	1.50		
		KTⅡ-2	表内		120	40	1.19		
		KTⅡ-2	表外		720	200	5.42		
	KTⅡ-3		表外	110°∠30°	120	60	6.38		
下部	KTⅢ-1	KTⅢ-1	表内	110°∠25°	400	200	2.42	92.8	72.4
		KTⅢ-1	表内		120	120	2.45		
		KTⅢ-1	表外		880	240	8.13		
	KTⅢ-2		表外	110°∠30°	240	80	6.72		

3. KTⅢ-1 矿体

KTⅢ-1 矿体分布于 112~127 线，呈北北东向展布，倾向南东东，倾角为 20°~35°，为一较稳定的似层状矿体。长约 880 m，平均水平宽 240 m，平均垂直厚度为 8.80 m，厚度变化系数为 92.8%，属较稳定型，品位变化系数为 72.4%，属矿化较均匀型。

矿体内部结构复杂，由表内、表外及夹石组成。其中表内矿分为两段，北段（主要矿段）分布于 100~115 线，为一透镜状矿层（以 111ZK1 及 107ZK2 孔为中心，最大垂直厚度为 11.80 m，向四周厚度逐渐变薄）产于矿体中部，被夹持在表外矿间。该矿层在 111 线 ZK1 孔（矿体最厚部位）分岔为三个分支，而向东和南、北两侧又复合为一单层，平面形态为一近于等轴的椭圆形。南段为一产于 KTⅢ-1 矿体上部的单工程控制的小矿囊，长 120 m，宽 120 m，垂直厚度为 2.45 m；表外矿分布于 112~127 线，沿表内矿四周及上、下部产出，局部由于表内矿和内部夹石的穿插而分岔为多层，平面形态为一向东缓倾的似层状。

矿体内部夹石主要分布在 103~119 线，其中最大一层分布在 103~107 线，长约 120 m，宽约 160 m，平均厚约 6 m，该夹石在 107 线沿倾向贯穿整个 KTⅢ-1 矿体，向北（111 线）、向南（103 线）则部分尖灭，局部分岔；其余均为零星产出的透镜状小夹石。

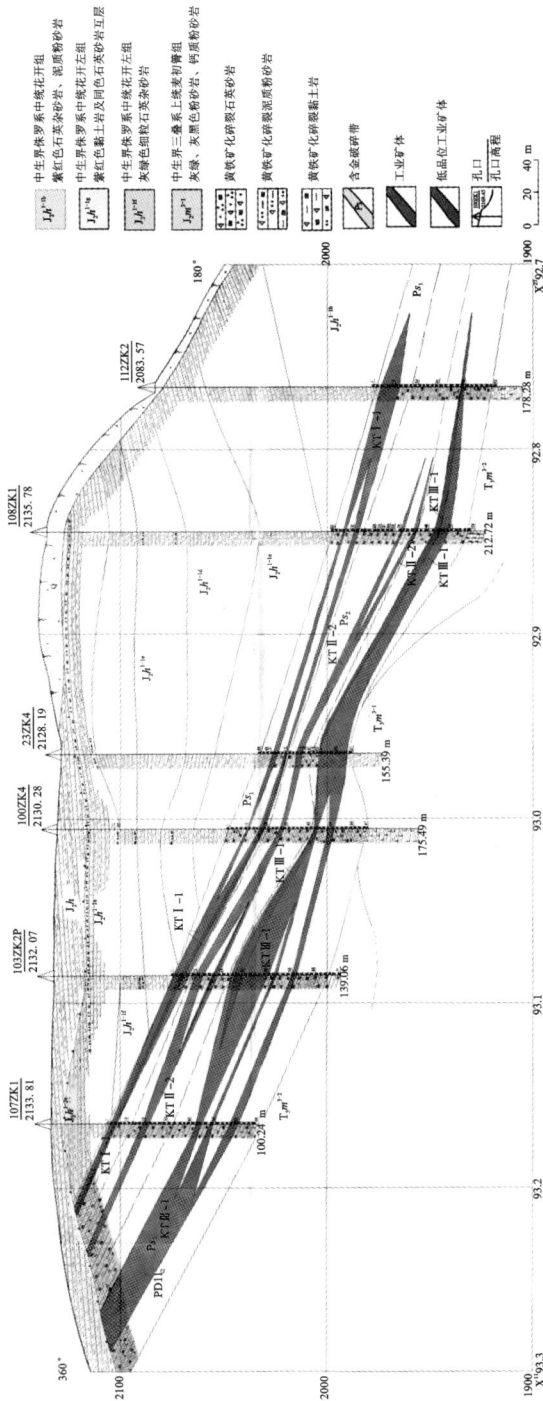

图4-2 扎村金矿区纵Ⅱ线剖面图（扎村金矿地质普查报告，云南省地质三大队，1999）

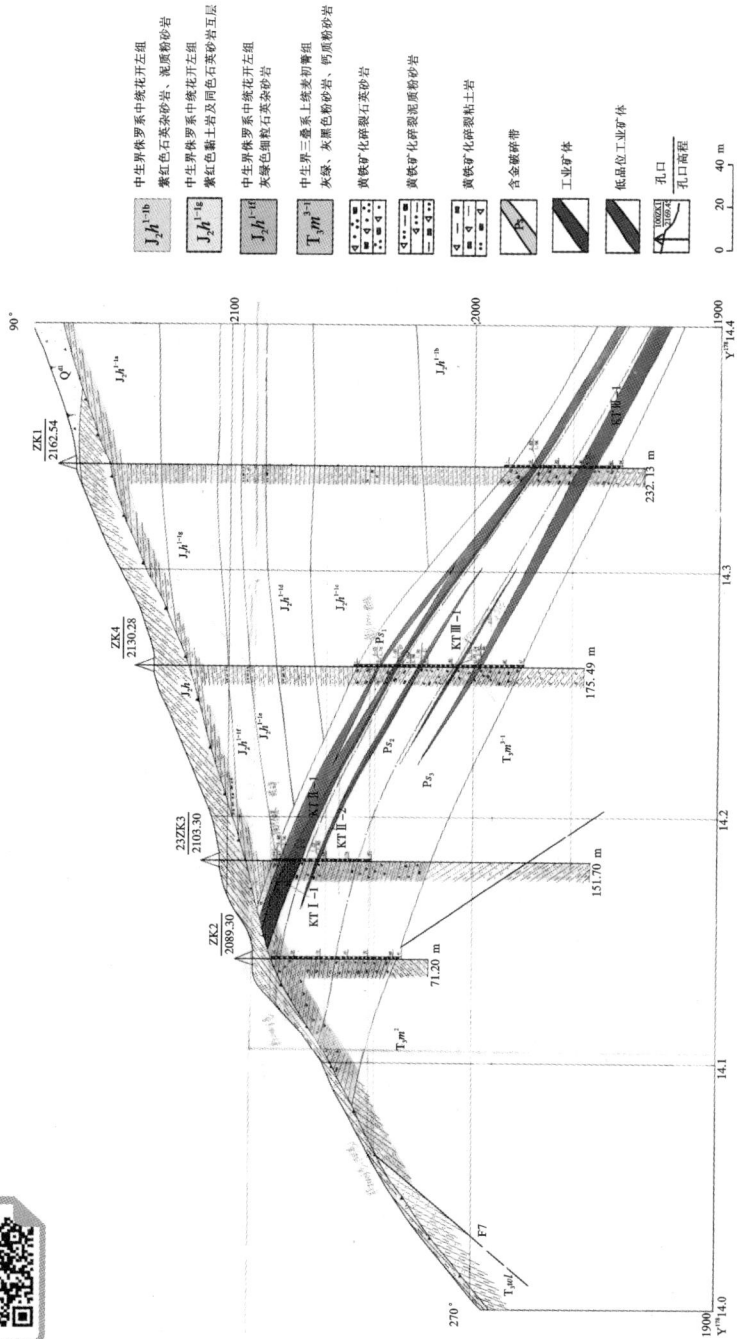

图 4-3　扎村金矿区 100 勘探线剖面 (扎村金矿地质普查报告, 云南地质第三大队, 1999)

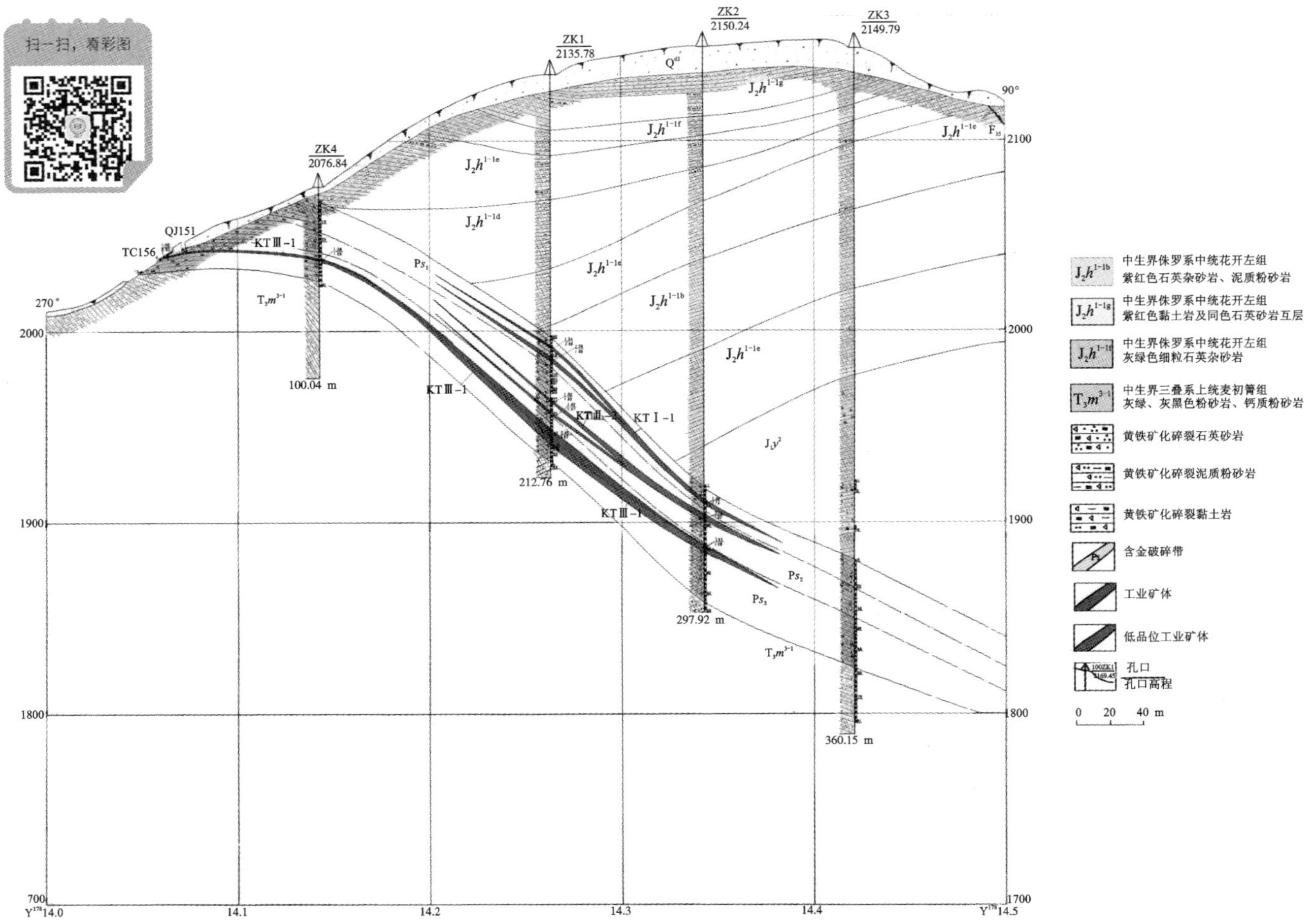

图4-4 扎村金矿区108勘探线剖面图（扎村金矿地质普查报告，云南地质第三大队，1999）

4.2.3 上黄山矿段金矿体特征

上黄山矿段共圈定出 3 个金矿体,规模均很小,矿体形态主要为透镜状,其次为分支复合状,局部具多层产出特征。单个矿体长度为 40~320 m,宽 40~100 m,垂直厚度为 1.20~2.60 m。矿体特征见表 4-3。

表 4-3 上黄山矿段矿体一览表

矿体编号	矿体结构特征	块段规模				品位变化系数/%	备注
		长/m	宽/m	垂直厚度			
				垂直厚度/m	变化系数/%		
KTⅠ	矿体结构较复杂,由两个品级构成,即 1~2.99 g/t 品级和 3~3.99 g/t 品级。其中表内矿分为三个块段	320	80	1.49	107.2	38.5	该矿体平均垂直厚度为 1.82 m
		110	90	1.22	41.2	19.9	
		40	30	0.80	36.5	17.8	
		60	100	1.32	71.0	20.7	
KTⅡ	品级为 1~2.99 g/t	60	40	1.20			单工程控制
KTⅢ	由 1~2.99 g/t 和 3~3.99 g/t 两部分构成。其中 3~3.99 g/t 段为单工程控制	80	40	2.1			矿体平均厚 2.60 m
		40	30	1.0			

4.2.4 围岩及夹石特征

研究区金矿体的围岩和夹石均为含金破碎带内的蚀变碎屑岩及其碎屑岩和角砾岩。根据矿体在含金破碎带中的产出部位不同,各矿体的围岩及夹石也有一定差异。

1. 各矿体的围岩及夹石特征

KTⅠ-1、KTⅠ-2 矿体:产于含金破碎带的上部构造蚀变带——杂色角砾岩带（Ps₁）中，矿体的围岩主要为浅红、肉红、灰白色的构造角砾岩，夹石与围岩的岩性基本一致。角砾成分为长石石英砂岩，胶结物为粉砂质、泥质。

KTⅡ-1、KTⅡ-2、KTⅡ-3 矿体：产于含金破碎带的中部构造蚀变带—浅灰、深灰色碎裂、角砾岩带（Ps₂）中，矿体的围岩及夹石以浅灰—深灰色粉砂、黏土岩质角砾岩、碎裂岩为主；胶结物以泥质为主。

KTⅢ-1、KTⅢ-2 矿体：产于含金破碎带的下部构造蚀变带——灰黑色碎裂岩、角砾岩带（Ps₃）中，矿体的围岩及夹石以灰黑色炭质黏土岩、灰色粉砂岩、浅灰色石英杂砂岩的碎裂岩、角砾岩为主；胶结物为泥质、砂质。

2.围岩、夹石与矿石之间的关系特征

围岩和夹石与矿石之间无明显的宏观界线，它们之间界线的确定完全取决于化学分析成果，并根据金工业指标中夹石剔除厚度要求来确定矿体与围岩以及夹石的界线。从圈定的结果看，围岩主要分布在 KTⅠ—KTⅢ 三个矿（体）层的顶部和底部以及三个矿层之间，形态为层状，少数为分支复合状；夹石则主要分布在单个矿体内，构成无矿段，形态多为分支复合状及透镜状。

根据宏观和部分微观观测测试资料分析对比，围岩与夹石具有与矿石大致相同的矿物组成、结构、构造及化学成分组成的特征。其区别主要在于围岩及夹石中裂隙产出频率和破碎程度较矿石低；与金矿化有关的蚀变矿物，如黄铁矿、石英、白云石等的含量较矿石低；化学成分中与本区矿化相关的 SiO_2、FeS、SO_2 含量比同类型矿石略为偏低。

从金元素分析结果看，夹石中普遍具金矿化，金含量为 0~0.99 g/t，平均含量为 0.3 g/t 左右。

4.3 矿石特征

4.3.1 矿石矿物组分及主要矿物特征

1.矿石矿物组分

区内矿石均为含金破碎带内的黄铁矿化蚀变碎屑岩及其破碎岩、角砾岩型金矿石，即黄铁矿化蚀变岩型金矿石。矿石由金属矿物及脉石矿物等组成。金属矿物有自然金、黄铁矿、褐铁矿、锡石、方铅矿、闪锌矿、辉锑矿、白钨矿、自然铅、辰砂及磁铁矿等。脉石矿物有石英、白云石、方解石、伊利石、娟云母、水云母、重晶石、电气石、白云母、磷灰石、锆石、金红石、独居石等。

2. 主要矿物特征

（1）自然金

①自然金的形态和粒度

自然金颜色为赤黄色。呈不规则粒状、片状、树枝状、渣状等。自然金粒度以 0.05~0.08 mm 和 0.1~0.2 mm 为主，最大粒径可达 1 mm。

②金的赋存状态

据自然重砂和人工重砂以及矿石初选试验样的成果可知，本区金的赋存状态以自然金为主，其次有少量包裹金，再次为极少量的吸附金和微量类质同象金。金矿石初步可选性试验中，对各类矿物光谱定量分析结果的金含量分别为：黄铁矿中含金量为 3.36 g/t，石英中含金量为 0.059 g/t，黏土矿物中含金量为 0.21 g/t，碳酸盐矿物中含金量为 0.0069 g/t。其中黄铁矿中金主要为包裹金，少部分可能为类质同象金；石英和碳酸盐矿物中含金量极低，如果将包裹金扣除，则类质同象金含量就甚微了；黏土矿物所含金应为吸附金，其含量极低。

综上所述，本区金的赋存状态绝大部分为自然金，约占矿石中金总量的86%，其次为黄铁矿中的金，约占 7.1%，黏土中的吸附金约占 7%。

③自然金在矿石中的产出形式

a. 自然金呈不规则状、片状嵌布于碎裂黄铁矿的裂隙间（附图1）；

b. 自然金呈不规则粒状嵌布于黄铁矿和石英的晶粒间隙中；

c. 自然金分布在角砾岩的泥质胶结物中；

d. 自然金分布在石英中，或铁白云石边部；

e. 自然金被包裹在黄铁矿晶体中，或产于黄铁矿边缘，与黄铁矿晶体的生长环带平行产出（附图2、3、4）。

综上所述，区内的自然金主要呈晶隙金、裂隙金、粒间金、包裹金产出，裂隙金和粒间金较为常见，多生长在黄铁矿和石英裂隙中，显然这类金的形成晚于某些硫化物和石英；晶隙金生长在黄铁矿边部，与黄铁矿的生长环带平行，显然其与某些黄铁矿同期生成；包裹金则多被包裹在黄铁矿晶体内，其生成在黄铁矿结晶之前；极少数自然金中包裹有黝铜矿，说明这部分自然金的形成晚于黝铜矿；极少数自然金产于角砾岩的胶结物中，为本区破碎带中最晚期形成的自然金。此外，电镜中见有一颗稍大的自然金，呈海绵状，在其边部见有擦痕，说明含金破碎带在金矿化之后仍有构造活动。从上述自然金的产出形式，进一步证实本区金矿的形成具有多阶段性。

④金在矿石中的分配率

可选性试样中各类矿物金的含量及其分配率如表4-4所示，从表中可看出：

a. 矿石中金的存在状态可以定量说明以自然金形式为主，黄铁矿中的金和自然金加在一起占全部金含量的90%以上；

b. 如把自然金和黄铁矿中的包裹金累计计算，则占矿石中金总量的93.12%。该含量亦是本矿样中的最大回收率；

c. 脉石矿物中金含量最高的为黏土岩，约占矿石中金总量的7%，石英和碳酸盐岩中含金量极微。

表4-4　金在各类矿物中含量统计表

矿物	质量比例/%	矿物中含金量/(g·t⁻¹)	矿物中金的分配量	金在各矿物中的分配率		备注
				相对/%	绝对/%	
黄铁矿	3.9	3.36	0.1304	50.0	6.9	自然金含量约86%
黏土	51.4	0.21	0.10794	41.22	5.7	
石英	38.0	0.059	0.02242	8.56	1.18	
碳酸盐	6.7	0.0069	0.00046	0.18	0.0002	
总计	100		0.26186	99.96	13.78	

⑤自然金的成色

对区内24粒自然金进行电子探针分析，结果表明自然金的金含量普遍很高，大多数都在99%以上，最高可达99.98%，仅个别成色稍低，并含有0.05%~4.6%的银，个别含有铁(图4-5、表4-5)

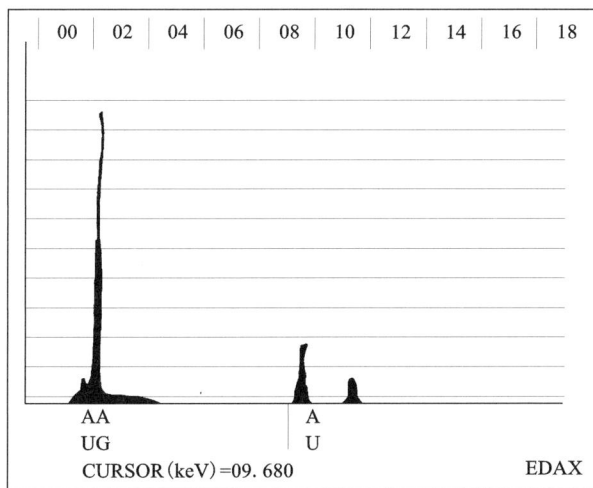

图 4-5　巍山扎村 W169 自然金能谱图[61]

表 4-5　自然金电探分析成果成色统计表

样品名称	样品编号	分析成果/%			金的成色
		Au	Ag	Fe	
岩石光片	W169	95.40	4.60		954
光片	W195-1	98.81	1.19		988
	W195-2	99.16	0.84		992
	W195-3	99.95	0.05		999
	W195-4	98.47	1.20	0.33	985
	32604	99.87	0.13		999
砂光片	32579	99.20	0.80		992
	32580	98.76	1.24		988
	32603	99.50	0.50		995

续表4-5

样品名称	样品编号	分析成果/%			金的成色
		Au	Ag	Fe	
选矿试样	W195-1	99.87	0.13		999
	W195-2	99.92	0.08		999
	W195-3	99.96	0.04		999
	W195-4	91.13	8.87		911
	W195-5	99.59	0.41		996
	W195-6	99.72	0.28		997
	W195-7	99.98	0.02		999
	W195-8	99.96	0.04		999
	W195-9	99.75	0.25		998
	W195-10	99.61	0.39		996
	W195-11	98.87	1.13		989
	W195-12	97.30	2.70		973
	W195-13	99.84	0.16		998
	W195-14	99.80	0.20		998
	W195-15	99.14	0.86		991

备注：代号"W"系《微金研究组》资料。

（2）黄铁矿

①黄铁矿的类型及产出特征

区内矿石中分布有四种类型的黄铁矿，它们属于同一空间不同时期的热液矿化产物(表4-6)。

早期黄铁矿具有粒级大、晶形复杂的特征，常见有五角十二面体与立方体的聚形晶，该类黄铁矿常与石英共生呈稠密浸染状产于矿石的早期裂隙中，由于后期构造叠加，黄铁矿多具碎裂构造(附图5、6)。据电子扫描，该类黄铁矿与自然金共生产出。从单矿物电子探针测试中可知，黄铁矿内金含高达 $112\times10^{-6} \sim 150\times10^{-6}$；此外从黄铁矿的晶胞参数测定结果可知，其 a_0 为 $5.41708\times10^{-10} \sim 5.41778\times10^{-10}$ m，比正常黄铁矿($a_0=5.4170\times10^{-10}$ m)略有偏高。说明该类黄铁矿与金矿化关系密切，为矿区含金破碎带内主要矿化阶段中最主要的载金矿物。

表4-6 扎村金矿区矿石中各类黄铁矿特征对比表

生成期次	黄铁矿类型	晶型	产出特征	物理特征	单晶棱 $a_0/10^{-10}$m	Au含量
早期	粗粒黄铁矿	大多为五角十二面体,部分为聚形晶,结晶不完整,晶棱、晶角多有残缺	产于含金破碎带内早期产状为60°~75°∠45°的压性裂隙中。在裂隙内呈密集浸染状,常与粒状石英或脉状石英共生,电镜中黄铁矿与石英粒间有自然金嵌布。亦见有包裹自然金	呈黄白色,晶形大多不完整,晶面常有生长纹,因受后期构造影响,部分黄铁矿破碎。粒径0.5~2 mm者居多	5.41708~5.41778	黄铁矿中最高金含量可达150×10⁻⁶
中期	中—细粒黄铁矿	多为五角十二面体,部分为它形粒状	产于含金破碎带内的第二期张性裂隙中,呈脉状,往往叠加在粗粒黄铁矿间,常与铁白云石脉共生,部分与粒状石英共生	呈黄白色,粒状集合脉体,在角砾岩中多呈断脉或碎斑碎粒。粒径为0.2~0.8 mm	5.41661~5.4176	黄铁矿中最高金含量可达75×10⁻⁶
	细粒黄铁矿	多为半自形粒状,部分为自形五角十二面体	产于含金破碎带内的第二期张性裂隙的膨大部位,或裂隙周围的岩石中,多呈斑块或斑点,往往叠加在粗粒黄铁矿间。与脉状黄铁矿为同期产物	呈黄白色,晶面常见晕色,斑痕,粒径为0.2~0.5 mm者居多	5.41661~5.4170	

续表4-6

生成期次	黄铁矿类型	晶型	产出特征	物理特征	单晶棱 $a_0/10^{-10}$ m	Au含量
晚期	微—细粒黄铁矿	为结晶程度好的自形五角十二面体	产于含金破碎带内的第三期压性裂隙中，在角砾状矿石中，呈浸染状产于泥质胶结物中；在碎裂状矿石中常与白云石细脉共生，呈浸染状产于脉内的白云石晶粒间，或白云石脉周围的岩石中	呈黄白色，晶形对称、完整。粒径大多小于0.2 mm	5.41608～5.41624	不含金

中期黄铁矿有两种类型，一种为中—细粒自形或半自形黄铁矿集合脉体，另一种为细粒它形粒状黄铁矿集合斑块或斑点，它们常呈细脉状或斑块状与白云石、石英共生，产于破碎带内的第二期张性裂隙中，并常常叠加在粗粒黄铁矿之间。据电子探针测试，其金含量最高可达 $75×10^{-6}$，为区内含金破碎带内的第二阶段金矿化的相关产物。

晚期黄铁矿为晶形完好的微细粒五角十二面体黄铁矿，在矿石中呈不均匀浸染状产出，与金矿化关系不明显。

上述四种类型的黄铁矿常叠加混合产出，野外宏观上对各类黄铁矿的识别，主要是依据其赋存在构造岩中的次级构造——裂隙的序次、性质，以及裂隙与裂隙之间的相互切割关系，首先判别黄铁矿的生成序次，再根据黄铁矿的形态特征、分布形式、物理特征等因素判别黄铁矿的类型。

②黄铁矿的成分特征

对本区矿石部分黄铁矿进行成分测定（表4-7），其主要成分硫和铁的含量变化基本不大，大部分都与纯黄铁矿接近，但总的趋势是硫含量大多偏低，铁含量则在标准值46.55%左右摆动。说明各期次黄铁矿中均混入了不等量的 As、Co、

Ni 等元素，其中尤以 As 的混入较为突出，个别样品中含量高达 3.5%。

表 4-7　黄铁矿成分分析结果表

编号	光片类型	$w(As)/\%$	$w(Fe)/\%$	$w(S)/\%$	采样部位
32604-2	岩石	3.50	45.63	50.82	
32604-3	岩石	0.33	46.92	52.74	
32579	砂光片		46.67	53.33	
32603	砂光片		47.58	52.42	
32579-1	岩石		47.77	52.23	
32579-2	岩石		48.48	51.52	
W166	岩石		48.14	51.86	Ⅰ矿层上部
W169	岩石		48.39	51.61	Ⅰ矿层下部
W173	岩石		47.79	52.21	Ⅰ矿层
标准黄铁矿			46.55	53.45	

备注：样品均系采自金矿石，代号"W"系《微金研究组》成果。

③黄铁矿的微量元素含量特征

据对本区不同期次、不同类型的黄铁矿的化学分析和电子探针分析结果（表4-8、表4-9）表明：各期次及各类型的黄铁矿中均含有不等量的 Au、Hg、As、Co、Ni、Zn、Ag 等元素，其中砷在第一期粗粒黄铁矿和第三期微细粒黄铁矿中含量略高；汞则在第三期黄铁矿中有明显的反应；金在早期粗粒黄铁矿中含量较高，最高可达 150×10^{-6}，中期脉状黄铁矿中最高含金量可达 75×10^{-6}，晚期微粒黄铁矿不含金。

综上所述，本区金矿石中共有三个期次，四种类型的黄铁矿。其中早期和中期产出的黄铁矿是与金矿化相关的主要载金矿物，共有三种类型，即粗粒浸染状黄铁矿、中—细粒脉状黄铁矿、细粒斑块状黄铁矿；晚期黄铁矿为微细粒浸染状黄铁矿，与金矿化关系不明显。

上述各期次各种类型的黄铁矿在矿带内混合叠加产出，其在金矿石的总含量已达 3%~8%，据物相分析结果，矿石中硫元素主要为黄铁矿中的硫，其含量为1.53%~4.32%。通过重选和浮选试验，黄铁矿在选矿产品精矿Ⅰ和精矿Ⅱ中已高度富集，作为提金过程中的副产品已具有较好的经济价值。

表 4-8　扎村金矿床黄铁矿元素分析结果表

样号	粒级/mm	元素分析及含量(其单位除 Au 为 g/t 外，其余均为%)						
		Fe	S	Sb	Co	Ni	Au	As
W440-8a	<0.12	45.28	49.15	0.00	0.019	0.05	23.53	
W440-8b	0.12~0.45	43.06	46.40	0.00	0.015	0.08	12.81	
W440-8c	0.45~1.0	43.21	46.21	0.00	0.015	0.05	19.40	
W440-9a	<0.5	43.50	47.66	0.00	0.004	0.05	5.52	
W440-9b	0.5-1.0	44.31	47.79	0.00	0.005	0.03	0.00	
W440-9c	>1.0	45.00	48.57	0.00	0.03	0.07	2.58	
W440-10a	<0.2	45.10	48.23	0.00	0.01	0.04	3.82	
W440-10b	0.2~0.45	44.50	47.44	0.00	0.006	0.40	2.86	
W440-10c	0.45~1.0	44.32	47.83	0.00	0.006	0.05	18.13	
PD11DF1	粗粒		43.69	0.58			>10	0.195
PD11DF2	中粒脉状		41.69	0.28			>10	0.203
PD11DF3	细粒浸染状		44.10	0.32			>5	0.357
PD11DF4	粗粒		41.13	0.46			>5	0.334
PD11DF5	肿粒脉状		38.95	0.76			>1	0.150

备注：代号"W"系《微金研究组》资料。

（3）其他金属矿

①锡石：矿石中含量极少，仅在扎村矿段 KTⅡ-2、KTⅢ-1 矿体偶见。乳白色、棕色、深棕色，形态多为粒状，少数为四方双锥体。粒度一般为 0.1~0.2 mm，少数为 0.3 mm。具油脂光泽，透明—半透明。

②白钨矿：含量极少，仅在扎村矿段 KTⅢ-1 矿体中偶见。白色或无色透明，形态多为不规则粒状，粒径以 0.1~0.2 mm 者居多。

③自然铅：暗灰色、它形圆粒状，表面氧化显土状光泽，柔软，具延展性，粒度为 0.1 mm 左右。

④方铅矿：亮灰色，多为立方体晶形，具强金属光泽，解理发育，常呈阶梯状，粒度为 0.1 mm 左右。

⑤闪锌矿：浅黄色、棕色，透明，具油脂光泽，形态多为粒状，粒径为 0.1~0.2 mm。

矿石中尚有黄铜矿、斑铜矿、辰砂、褐铁矿等金属矿物，其含量均很低，不做详述。

（4）脉石矿物

①石英

是区内矿石中最主要的脉石矿物，含量在 40% 以上。其产出类型有砂岩中的石英颗粒，脉状、斑块状或粒状石英，浸染于黄铁矿表面的纤维状石英，以及与铁白云石共生的细脉状石英及乳胶状玉髓脉等。

表 4-9　扎村金矿区黄铁矿电子探针测试成果表[61]

样号	黄铁矿类型	元素含量（其单位除 Au、Ag 为 g/t 外，其余均为%）										备注
		Au	Ag	S	Fe	As	Sb	Co	Ni	Zn	Hg	
W182（中心）	粗粒黄铁矿	0.00	0.00	52.68	46.83	0.00	0.00	0.04	0.06	0.09	0.00	第一期黄铁矿
W182（边缘）	粗粒黄铁矿	133	0.00	52.46	45.97	1.21	0.00	0.09	0.00	0.00	0.00	
W440-10（内）	粗粒黄铁矿	150	100	52.99	46.54	0.00	0.00	0.02	0.02	0.07	0.12	
W440-10（外）	粗粒黄铁矿	112	25	52.39	45.72	1.30	0.16	0.09	0.03	0.01	0.00	
W175	脉状黄铁矿	0.00	0.00	54.36	45.00	0.00	0.00	0.02	0.09	0.05	0.00	第二期黄铁矿
W175	脉状黄铁矿	75	0.00	52.98	46.20	0.00	0.00	0.00	0.06	0.09	0.00	
W440-6	脉状黄铁矿	0.00	0.00	53.44	45.86	0.00	0.55	0.03	0.03	0.02	0.06	
W175	浸染状细粒黄铁矿	0.00	0.00	53.19	45.49	0.54	0.00	0.07	0.16	0.00	0.00	第三期黄铁矿
W182	浸染状细粒黄铁矿	0.00	0.00	54.00	44.25	1.08	0.28	0.02	0.07	0.03	0.10	
W440-4（中心）	细粒黄铁矿	0.00	0.00	52.89	46.56	0.00	0.00	0.06	0.03	0.11	0.06	
W440-4	浸染状细粒黄铁矿	0.00	0.00	51.78	46.36	1.24	0.34	0.04	0.00	0.01	0.00	
W440-6	浸染状细粒黄铁矿	0.00	0.00	52.99	45.95	0.00	0.00	0.03	0.01	0.00	0.25	
W440-10	细粒黄铁矿	0.00	0.00	52.91	46.23	0.65	0.00	0.05	0.01	0.00	0.00	

成矿阶段形成的石英共有三个期次，其中早期和中期石英与黄铁矿和白云石

共生产出,与金矿化关系密切。据 X 射线粉晶分析,这类石英均为 α 石英或含亚铁的 α 石英。根据晶胞常数测定结果(表 4-10),其晶胞常数值与 α 纯石英较为接近,这类石英单矿物中金含量一般为 0.059 g/t。第三期石英主要为较纯净的乳白色玉髓,常呈不规则细脉产出,与金矿化关系不密切。

表 4-10　扎村金矿区石英晶胞常数与标准 α 纯石英对比表

石英类型	样号	$a_0/10^{-10}$ m	$c_0/10^{-10}$ m	$v_0/10^{-10}$ m
扎村金矿区 α 石英(含亚铁)	PD11XK$_1$	4.91288	5.40760	113.0340
	PD11XK$_2$	4.91294	5.40270	112.9340
	PD11XK$_3$	1.91499	5.40586	113.0940
	PD11XK$_4$	4.91191	5.40389	112.9110
	PD11XK$_5$	4.91078	5.40809	112.9470
α 纯石英		4.91300	5.40500	112.9479

②碳酸盐矿物

包括白云石和方解石,其中早期和中期形成的白云石多为铁白云石,常与石英共生呈复脉产出。其单矿物分析中金含量很低,约为 0.0069 g/t。

③黏土矿物

包括伊利石、电气石、少量高岭石和水云母、绿泥石等。其中伊利石多具水云母化。

④其他矿物

包括重晶石、磷灰石、锆石、独居石等,在矿石中含量甚微,不做详述。

综上所述,矿石中金属矿物以黄铁矿为主,含量为 3%~8%,其他金属矿物含量甚微,均少于 0.1%;脉石矿物以白云石、石英为主,其中白云石含量为 5%~15%,成矿阶段中新生石英含量为 2%~10%,其他黏土矿物类和碎屑石英类均为原岩的造岩矿物。

4.3.2　矿石结构、构造

1. 矿石结构

(1) 砂状结构

由碎屑和胶结物组成,其中碎屑成分主要有石英及少量白云母,由伊利石及少量高岭石胶结。两者受重结晶作用影响,石英颗粒有加大现象,伊利石具水云母化。

（2）泥质鳞片结构

发育于黏土岩型矿石中，由细小的黏土矿物集合体构成。部分黏土重结晶生成粒径小于0.001 mm的云母，致使该类岩石具黏土–鳞片结构。此外部分黏土中含少量粉砂及岩屑，构成粉砂泥质结构。

（3）自形—半自形晶粒状结构

在矿石中普遍存在，是最主要的结构类型。具这类结构的矿物有黄铁矿、石英、白云石等。其中早期黄铁矿多数为自形或半自形五角十二面体粗粒晶，呈浸染状分布在容矿岩石的裂隙中，或局部交代围岩，呈不均匀浸染状产于裂隙周围的岩石中（附图7）；中期黄铁矿为自形和它形中—细粒状集合脉和斑块产出（附图8）。

石英为它形或半自形粒状，呈集合脉或不规则团块充填于容矿岩石的裂隙中，并捕房交代围岩（附图9）。该类石英早期往往与白云石共生呈复脉产出，少数则以稀散的半自形单粒产于裂隙周围的岩石内。

白云石在矿石中普遍发育，形态为它形，少数半自形，主要呈粒状集合脉，或与石英共生呈复脉，少数呈半自形粒状稀散产出。白云石脉有不同的期次（附图10）。

（4）交代溶蚀结构

矿石中较为常见。主要表现为石英–白云石复脉或石英单脉对脉壁的局部交代，形成不连续的环带晕边；后期的蚀变矿物对早期蚀变矿物的不完全交代，常见有重晶石交代白云石、石英；石英交代重晶石（附图11、12）；黄铁矿与白云石共生，受后期硅化石英穿插交代（附图13、14）；绢云母与石英、黄铁矿共生，交代白云石（附图15~19）。

（5）镶嵌结构

矿石中少见。主要表现为自然金沿黄铁矿、石英的裂隙和晶粒间隙呈紧密嵌布，或石英、白云石共生呈镶嵌状产出（附图9）。

（6）包含结构

矿石中少见。表现形式有较粗大的白云石晶体包裹黄铁矿，或自然金被包裹在黄铁矿晶体内，呈包裹金产出（附图2），选矿试样电镜观测，还见自然金内包裹黝铜矿（附图3）。

(7)乳胶状结构

矿石中少见。主要有两种形式：其一为白云石和石英成胶状混合物充填于岩石的裂隙中，呈不规则脉状产出；其二为致密的硅化产物玉髓呈脉状产于岩石裂隙中。

2. 矿石构造

区内矿石构造类型较为复杂，主要有下列类型：

(1)角砾、碎粒、碎斑构造

矿区的主要构造类型。角砾、碎斑、碎粒成分主要有石英砂岩、泥质粉砂岩、黏土岩；其次有充填于矿石裂隙中的石英、白云石，随原岩的构造破碎，蚀变矿物也呈角砾、碎块状产出，其中黄铁矿除保留原来的浸染状构造外，经构造破碎后，多具碎裂状构造(附图20)，重晶石与白云石呈角砾状碎块(附图21)。

(2)浸染状构造

本区矿石的主要构造类型之一。最常见的有自形或半自形晶黄铁矿在容矿岩石及围岩中呈浸染状产出(附图22)，或黄铁矿与石英共生呈浸染状产于白云石脉或白云石晶粒间隙中(附图23)。

(3)脉状、网脉状构造

矿石中较为常见。包括由石英和白云石构成的交错脉、网脉、复脉等，或由中—细粒黄铁矿集合体构成的细脉，沿容矿围岩裂隙分布，并以充填为主呈脉状或密集交错产出(附图24、25)。

(4)斑点、斑块状构造

矿石中较为常见。主要有沿容矿岩石的张裂隙膨大部位或角砾间隙分布的白云石、石英或黄铁矿，呈不规则的斑点或斑块状产出。

4.3.3 矿石矿物共生组合、矿物生成顺序及成矿阶段划分

1. 矿石矿物共生组合、矿物生成顺序

如表4-11所示，区内矿化具有多阶段的特征，矿石中的矿物组合可划分为四个期次。

早期：粗粒黄铁矿-石英-白云石-自然金

中期：白云石-石英-黄铁矿(脉状)-多金属硫化物-自然金

晚期：石英-白云石-方解石-微粒黄铁矿-重晶石-绢云母

表生期：伊利石-高岭石-褐铁矿-水云母

上述四组矿物共生组合系列中，以早期和中期为本区最主要的金矿化阶段，最基本的矿物组合为黄铁矿-石英-白云石-自然金。

2. 成矿阶段及矿化类型特征

扎村金矿的储矿构造——含金破碎带为一多次构造活动叠加的脆韧性构造组合带，它具有复杂的构造组合和蚀变组合特征。喜马拉雅运动使本区褶皱造山，伴随紫金山复式背斜的形成，沿褶皱轴向一系列纵向断续相继发生，其中也包括了含金破碎带之推覆断裂。该断裂经历了两个大的构造阶段，四个亚段的构造活动，而每次构造活动均有热液活动相伴发生，这类构造活动和热液活动在同一空间的不同时间内交替出现，构成了本区金矿的导矿、储矿构造，即含金破碎带。

表 4-11　成矿期次与矿物生成顺序表

成矿期 矿物名称	热液成矿期			表生期
	早期	中期	晚期	
石英	———————		————	
白云石	———————		- - - - -	
黄铁矿	———————	———————	- - - - -	
自然金	———————	———————	- - - - -	
方铅矿		———————		
闪锌矿		———————		
黝铜矿	———————	- -		
辉锑矿		———————		
重晶石		———————		
方解石		———————		
伊利石		- - - - - - -		
辰砂		———————	- - -	
绢云母		- - - - ———————		- - -
绿泥石			———————	- - - -
高岭石				———————
褐铁矿				———————
水云母				———————

备注：———— 主要形成阶段　　　- - - - - - - - 少量形成阶段

区内金矿化主要受构造-蚀变的控制，一般而言，在推覆断裂形成后的应力释放阶段，破碎带处在半封闭状态，既有利于矿液的流通，又有利于矿液的储存，因此构成了以裂隙组为主的强矿化段带，特点是金矿富集在密集产出的第一期裂隙内，但矿化不均匀，而在中期的滑脱-强张阶段，破碎带处于开放状态，但破碎带顶、底的岩性为砂、泥岩互层，对矿液向破碎带顶、底的渗透仍具有较好的隔挡作用，因此矿化在破碎带中以扩散-渗透交代为主，矿化较为均匀，但矿化普遍不强；在晚期的挤压-滑脱阶段，其构造强度及蚀变强度均第一阶段大大减弱，破碎带处于半开放状态，矿化类型以充填为主，渗透交代较弱，金矿化则由较弱直至消失。

上述对含金破碎带内矿化阶段及矿化类型特征的总结表明：区内金矿体的形成有多次构造和蚀变的叠加，致使矿体（或矿化体）在破碎带内的产出复杂化。因此在破碎带中产出的矿体沿走向、倾向具有尖灭再现、尖灭侧现的特征。由此可推测：含金破碎带在区域内尚未消失的情况下，即可在破碎带的一定空间内有找到新金矿体的可能。

4.3.4 矿石类型

1. 自然类型

（1）按氧化程度划分：

据普查阶段矿石的物相分析成果，按矿石的氧化程度可将区内金矿石划分为硫化矿石（原生矿石）和混合矿石（部分氧化矿石），以硫化矿石（原生矿石）为主，二者在含金破碎带内混杂产出，难以分采。

（2）按容矿岩石类型划分

①石英砂岩、石英杂砂岩及其破碎岩、角砾岩型金矿石

该类矿石在矿层中分布广泛，尤以上、中两个矿层中较为常见（附图26~29）。

矿石颜色主要为浅灰、灰色，次为浅肉红色；砂状结构，偶见交代溶蚀结构；角砾构造，碎斑—斑粒构造为主，次为浸染状构造和网脉状构造。胶结物以水云母黏土为主，次为岩屑、岩粉。矿石普遍具硅化、白云石化及黄铁矿化。其中自形—半自形粗粒黄铁矿主要分布在角砾或碎斑中，或沿裂隙及其周围的岩石不均匀产出；部分已碎裂的中—细粒黄铁矿主要叠加在粗粒黄铁矿之间呈不规则细脉或斑块产出；微粒黄铁矿主要分布在岩石泥质胶结物中。本类矿石一般金含量为 1~4.0 g/t，约占本区金矿石量的35%。

②泥质粉砂岩及其破碎岩、角砾岩型金矿石

该类矿石在矿层中分布广，尤以中部矿层较为常见(附图30~32)。

矿石为浅灰—深灰色，泥质粉砂结构，碎裂、角砾构造。岩石具弱硅化、碳酸盐化、黄铁矿化等蚀变作用。各种类型的黄铁矿均有分布，其中粗粒黄铁矿分布不均匀，主要沿岩石的早期裂隙呈浸染状产出；细—中粒黄铁矿普遍，含量较高，主要叠加在粗粒黄铁矿间，呈脉状或团块状集合产出。本类矿石含金量一般为1~8.2 g/t，约占本区金矿石量的20%。

③黏土岩、含粉砂黏土岩及其破碎岩、角砾岩型金矿石

该类矿石在三个矿层中均有分布，尤以下部矿层中更为普遍(附图33~37)。

矿石主要为灰黑色，浅灰色少见。具泥质鳞片结构，碎裂构造，局部具揉皱构造。矿石普遍具强度不等的硅化、黄铁矿化、白云石化、重晶石化等蚀变作用。矿石中各类型的黄铁矿均有分布，其中粗粒黄铁矿主要分布在早期裂隙中，呈不均匀浸染状产出，在高品位矿石中，该类黄铁矿含量可达10%以上；细—中粒黄铁矿则以脉状集合体或斑块状产出，往往叠加在粗粒黄铁矿之间。本类矿石含金量一般为1~10 g/t，约占本区金矿石量的45%。

(3)按矿物共生组合划分如下：

按矿物共生组合可划分为两类：一类是含金黄铁矿矿石，具自形-半自形粒状、显微状结构，块状、浸染状构造，以此类型矿石为主；另一类是含金褐铁矿矿石，呈棕褐色，具它形晶粒结构、胶状结构，浸染状构造、蜂窝状构造，蜂窝状构造为黄铁矿或其他金属硫化物矿石地表氧化的产物，此类型矿石较少。

2.工业类型

矿床工业类型属破碎带蚀变岩型金矿床。矿石工业类型属贫硫化物金矿石。矿石硫化物含量少，多以黄铁矿为主。矿石中自然金粒度相对较大，金是唯一回收对象，硫元素可作为副产品加以回收。采用单一浮选等简单的工艺流程便可获得较高的选别指标。

4.3.5 矿石的氧化特征

为了解矿石的氧化程度，普查阶段曾在三个矿体(层)中按不同埋深、不同品级做了50件矿石铁物相分析和10件硫物相分析。经计算，铁物相分析中，氧化率为2.30%~9.90%的矿石有18件；11.03%~28.78%的有28件；40.90%~93.81%的有4件。硫物相分析中，氧化率为0.21%~3.37%，均小于10%。从物相分析结果与野外实地观察对比看出，本区矿石的氧化率除主要受矿体的埋藏深

度控制外，还与赋矿岩石的孔隙、裂隙发育程度以及地下水的活动有关。而本区所圈定的金矿体由于地表滑坡体的掩盖，其埋深均在地表垂直深度 30 m 以下，因此绝大部分矿石为硫化矿和混合矿，且二者在表浅部破碎带内混杂产出，无法圈定其界线，因此矿石的自然类型不再对硫化矿和混合矿加以划分。

第5章 矿床地球化学特征

矿床地球化学特征主要包括同位素、包裹体、微量元素等。同位素主要用于解决以下问题：确定矿床成因和判断成矿物质的来源，近年来，许多国内外学者利用稳定同位素（硫、碳、氧、氢）来判断矿床成因和成矿物质来源[67-84]；指示矿体的产出部位；判断矿床的形成年龄，利用放射性同位素测定成矿年龄是现代前沿课题[85-90]。包裹体研究在矿床上的应用是多方面的，主要有：用于确定矿床的成因；可提供矿液与岩石关系的证据；查明矿液运移的方向和通道；用于发现盲矿体；利用包裹体资料为成矿作用确立真正的模式[91]。微量元素在重建成矿流体演化过程的研究中具有重要作用[92]。

5.1 硫同位素特征

扎村金矿对30件黄铁矿、1件方铅矿、1件辉锑矿测定的硫同位素分析结果（表5-1）表明 $\delta^{34}S$ 总的变化范围为 $-9.19 \sim +5.55$。其中围岩的 $\delta^{34}S$ 值为 $-2.08 \sim -9.19$，平均为 -6.12；含金破碎带内的热液矿化硫同位素组成为 $-3.99 \sim +5.55$，平均为 -0.53，含金破碎带中的热液矿化硫与幔源硫的特征基本一致。

硫同位素组成分布（图5-1）表明：

（1）矿石中的硫 $\delta^{34}S‰$ 具有2个主要峰值，并且塔式效应明显，说明硫的来源稳定。

（2）矿化带与围岩的硫同位素分布在两个不同的区间，差别明显。说明两者的硫源不同，矿化硫主要来自幔源，而围岩中的硫主要为壳源硫，其 $\delta^{34}S$ 值部分已与矿化硫接近，亦表明其与矿源硫曾产生了一定的均一化置换作用，围岩部分物质也参与了成矿作用。由此进一步表明，本区的成矿流体主要与岩浆活动形成的热液有关，部分与沉积建造的围岩有关。而区内岩浆活动与第三纪兰坪—思茅坳陷带中的隐伏深断裂及隐伏斑岩体有关。

（3）部分早期粗粒黄铁矿的 $\delta^{34}S$ 值均接近零，而在矿化中期和晚期的黄铁矿、辉锑矿、方铅矿等的 $\delta^{34}S$ 值均略偏离零值，表明热液中已混入了部分地层中大气降水的硫，由于均一化作用不完全，而导致 $\delta^{34}S$ 值偏离。

表5-1　扎村金矿去硫同位素分析结果表

样品编号	采样部位	测定矿物	$\delta^{34}S/‰$	平均值/‰	备注
ZCTZ5-S-1	矿体	黄铁矿	+0.01		微金研究组采集样品
ZCTZ5-S-2	矿体	辉锑矿	−3.99		
ZCTZ5-S-3	矿体	黄铁矿	−1.80		
ZCTZ5-S-4	矿体	方铅矿	+5.55		
ZCTZ5-S-5	矿体	黄铁矿	−2.68		
ZCTZ5-S-6	矿体	黄铁矿	−2.01		
ZCTZ5-S-7	矿体	黄铁矿	−2.40		
PD11-TW(S)1	矿体	黄铁矿	−1.88		
PD11-TW(S)3	矿体	黄铁矿	−0.17		
PD11-TW(S)4	矿体	黄铁矿	+2.64		
PD11-TW(S)5	矿体	黄铁矿	−1.70		
100ZK1TW(S)7	矿体	黄铁矿	+3.34		
100ZK1TW(S)8	含金破碎带	黄铁矿	−1.83	−0.53	
Au-扎-1-A	矿体	黄铁矿	−2.01		贵州工学院采集样品
Au-扎-1-A	矿体	黄铁矿	−2.76		
Z-28	矿体	黄铁矿	−2.18		
Z-29	矿体	黄铁矿	−2.38		
Z-30	矿体	黄铁矿	−1.96		
Z-72	矿体	黄铁矿	−2.14		
Z-95	矿体	黄铁矿	+4.79		
Z-96	矿体	黄铁矿	+2.52		
Z-97	矿体	黄铁矿	+3.94		
Z4-1	矿体	黄铁矿	+3.76		
Z4-4	矿体	黄铁矿	−1.76		
W167	矿体	黄铁矿	−0.66		微金研究组采集样品
W174	矿体	黄铁矿	−2.35		
W440-8	矿体	黄铁矿	−3.30		
W440-10	矿体	黄铁矿	−1.50		
Z-74	围岩	黄铁矿	−2.08		贵州工学院采集样品
Z-4-2	围岩	黄铁矿	−7.65	−6.12	
Z-4-3	围岩	黄铁矿	−5.55		
Z-32	围岩	黄铁矿	−9.19		

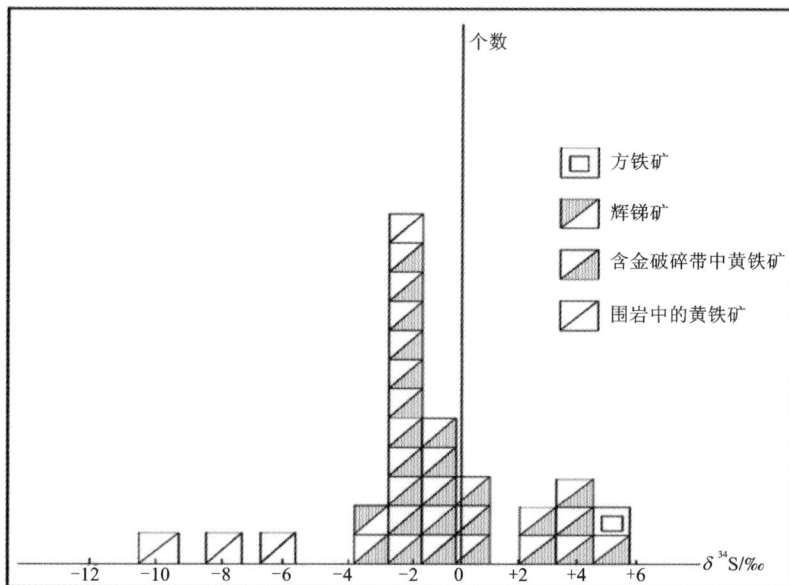

图 5-1　扎村金矿区硫同位素组成分布图

上述硫同位素的组成特征说明扎村金矿区的成矿物质具有多来源的特征。矿化早期成矿流体可能主要来自岩浆热液，而矿化中期和晚期的成矿流体除具有与早期流体同源的特征外，在其继承性演化过程中还混入了一定量的大气降水，致使其硫同位素组成具有由幔源向壳源逐渐演化的特征，由于中期和晚期的初期阶段壳源物质混入有限，因此硫同位素组成仍以幔源为主。

5.2　氢、氧同位素特征

矿区成矿流体 δD 和 $\delta^{18}O$ 值的测试样品均采自含金破碎带，即分别从 6 件石英、1 件白云石、1 件方解石和 3 件水云母矿物气液包裹体溶液中测得（表 5-2）。

其中 δD‰的范围为 $-85.8 \sim -117.4$，主要集中在 $-97.3 \sim -105$，变化范围较小。$\delta^{18}O$‰的范围为 $-7.8 \sim +9.56$，相差 17.45。部分测试样品，如 W440-10 的石英产于早期裂隙中，δD‰值为 -85.8，$\delta^{18}O$‰值为 $+8.35$，将其投在"矿区成矿流体 δD、$\delta^{18}O$ 分布图"（图 5-2）中，其位置靠近岩浆水，表明矿化早期（破碎带处于半封闭状态）矿液主要来自岩浆水，矿化中期破碎带处于开放状态，矿液的组成为岩浆水和大气降水的混合水。

表 5-2　扎村金矿区 δD、$\delta^{18}O$ 同位素测定结果表

样号	测定矿物	δD/‰	$\delta^{18}O$/‰	备注
H-2	石英	-103	-7.8	贵州工学院资料
H-3	石英	-111	-7.0	
H-5	石英	-86	-4.6	
H-6	石英	-105	-4.6	
W166	水云母	-104.2	+3.77	微金研究组资料
W166	方解石		+5.79	
W169	水云母	-105.4	+3.82	
W169	白云石		+0.12	
W174	水云母	-97.3	+4.72	
W440-9	石英	-117.4	+9.56	
W440-10	石英	-85.8	+8.35	

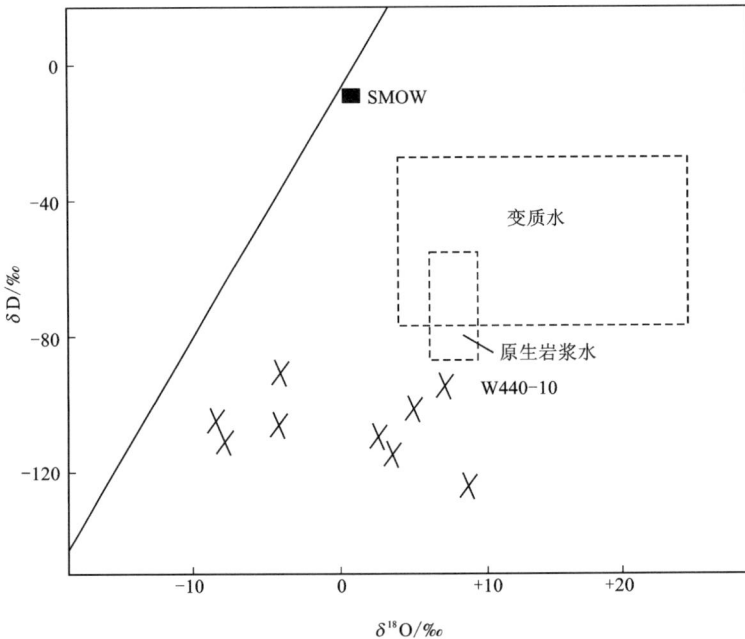

图 5-2　扎村金矿区成矿流体 δD、$\delta^{18}O$ 分布图

X 为扎村矿区氢氧同位素样

根据上述资料,结合本区地质特征,矿区成矿热液既有大气降水成因,也有原生岩浆水。再结合围岩蚀变情况分析,早期白云石化-硅化阶段主要为岩浆水。因此,本区的成矿热液为以岩浆水和大气降水的混合水。

5.3　铅同位素特征

铅同位素主要从浸染状、脉状矿石以及条带状(黄铁矿化和硅化)矿石中的黄铁矿测得,其同位素组成如表 5-3 所示。

表 5-3　扎村金矿区铅同位素组成表

样号	测定矿物名称	铅同位素组成			模式年龄	备注
		$w(^{206}Pb)$ $/w(^{204}Pb)$	$w(^{207}Pb)$ $/w(^{204}Pb)$	$w(^{208}Pb)$ $/w(^{204}Pb)$		
W440-8	黄铁矿	18.4120	15.6365	38.7613	211Ma	微金研究组资料,样品采自 PD11 坑
W440-9	黄铁矿	18.3356	15.5984	38.6183	219 Ma	
W440-10	黄铁矿	18.4199	15.6242	38.7173	190 Ma	

由上表可知,矿体内黄铁矿的铅同位素组成中,$w(^{206}Pb)/w(^{204}Pb)$、$w(^{207}Pb)/w(^{204}Pb)$、$w(^{208}Pb)/w(^{204}Pb)$ 的比值变化较小,说明不同成矿阶段的物质具有相同的来源。将其投在"Doe 和 Zartman 铅演化曲线模式图"(图 5-3)中,均落入造山带演化曲线附近,表明本矿区铅同位素为壳源铅与幔源铅混合的结果,进一步证实本区矿质具有幔源和壳源混合来源的特征。

三件样品铅同位素模式年龄为 190~219 Ma,平均为 206.6 Ma,说明含铅物质与区域印支期岩浆活动有关,结合本区成矿地质特征及水云母测定的 Rb-Sr 年龄为 46.5 Ma(1999,云南地科所),证明本区的主要成矿时期为喜马拉雅期,本区成矿作用与区内强烈的喜马拉雅期构造运动和岩浆(斑岩)活动有密切联系。

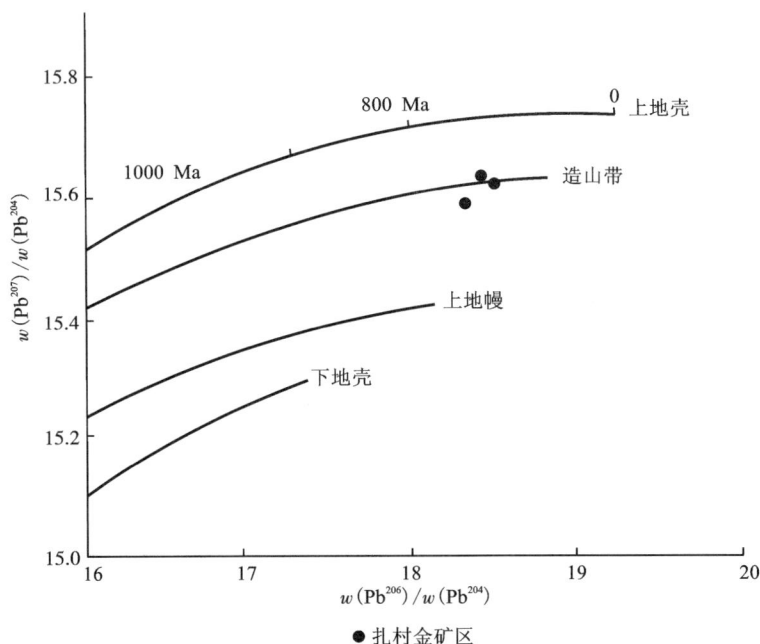

图 5-3 扎村金矿区铅同位素坐标图

（据 Doe 和 Zartman 铅演化模式）

5.4 包裹体物理化学特征

5.4.1 包裹体的类型、形态及分布特征

由对含金破碎带内的热液蚀变矿物石英、白云石、方解石包裹体薄片的观察可知，本区包裹体类型以气液包裹体为主，气相包裹体次之，纯液相包裹体极少，二氧化碳包裹体偶见。气液包裹体中气相一般占 10%~20%，少数占 5%~10%。包裹体大小在 12 μm，最大可达数十微米。包裹体形态多为椭圆或近圆形，少数为不规则状，负晶状偶见。包裹体往往成群密集分布，部分具定向排列。

包裹体组成方面，在矿化早期，黄铁矿-石英-铁白云石-自然金阶段，含金破碎带处在半封闭状态，石英中包裹体成群分布，部分包裹体具定向分布，形态多为浑圆状或不规则状，少数呈负晶状，以气液包裹体为主，气相一般占 15%~

20%，说明成矿时具有压力较大、埋藏较深、温度下降缓慢，而成矿时间较短的特点；在矿化中期，含金破碎带由半封闭状态转为开放状态，成矿温度、压力均逐渐减小，因此石英和白云石中包裹体成群杂乱分布，包裹体仍以气液包裹体为主，气相一般占 10%~15%，包裹体直径稍增大，成矿时间较第一阶段稍长；在矿化晚期，蚀变矿物以白云石和方解石为主，包裹体中的液相比例增多，气相仅占 5%~10%，成矿温度和压力进一步减小。

总之，从包裹体的类型、形态、分布特征进一步证实：本区金矿化具有多阶段的特征，而矿化流体由早期的压力大、埋藏深、温度较高，逐渐过渡到压力小、埋深浅、温度低。

5.4.2　包裹体成分

通过对本区少量石英及黄铁矿包裹体分析(表 5-4)，可知，本矿区包裹体成分中阳离子以 Na^+、Ca^{2+} 为主，K^+、Mg^{2+} 次之，其含量 Na^+ 为 7.0×10^{-9}~8.4×10^{-9}，K^+ 为 0.31×10^{-9}~2.40×10^{-9}，Ca^{2+} 为 5.7×10^{-9}~8.9×10^{-9}，Mg^{2+} 为 0.99×10^{-9}~2.40×10^{-9}。阴离子以 SO_4^{2-}、Cl^- 为主，含量 SO_4^{2-} 为 20.9×10^{-9}~30.2×10^{-9}，Cl^- 为 10.1×10^{-9}~13.9×10^{-9}，F^- 含量在石英包裹体中较低，为 0.34×10^{-9}~0.55×10^{-9}，F^- 在黄铁矿包裹体中含量可达 14.0×10^{-9}。包裹体成分以 H_2O 及 CO_2 为主。

总的特征是：包裹体液相中富含 Na^+、Ca^{2+}、Cl^-、SO_4^{2-}，属于 Na^+、Ca^{2+}、Cl^-、SO_4^{2-} 型。成矿溶液由 H_2O-CO_2-$NaCl$ 溶液和含 SO_4^{2-} 的钠质溶液组成。其盐度为 1.5%~14%，温度和盐度可划分为与成矿阶段相吻合的四个区间(表 5-5、图 5-4、图 5-5)。金矿化发生在Ⅰ、Ⅱ区间，金在矿液中大致呈 Au-Cl-S-Na-H_2O 关系，并主要呈 Au-S 络合物形式迁移，次要呈 Au-Cl 的络合物形式迁移。

表 5-4　扎村金矿区包裹体成分含量表

样号	测试矿物	水量/mg	阳离子/10^{-9}				阴离子/10^{-9}			CO_2	备注
			Na^+	K^+	Ca^{2+}	Mg^{2+}	F^-	Cl^-	SO_4^{2-}		
Z-2	石英	24.9	7.0	0.65	8.9	2.2	0.44	10.1	24.4		贵州工学院
Z-3	石英	18.1	8.7	0.61	8.8	2.4	0.55	13.9	30.2		
Z-5	石英	29.2	8.4	0.31	5.7	0.99	0.34	12.4	20.9		
矿带中	黄铁矿	444	0.59	4.39	12.9	1.507	14.0	3.8		29.0	微金组
矿带中	黄铁矿	1778	3.57	0.83	0.50	0.05	0.10	7.4		3.1	

表 5-5　扎村金矿主要均一温度和盐度表

矿化阶段		均一温度/℃	盐度 $w(NaCl)$/%
早期	黄铁矿—石英阶段（Ⅰ）	260~310	9.7~12.5
中期	白云石—脉状黄铁矿（Ⅱ）	190~250	7.0~9.0
晚期	白云石—细粒黄铁矿（Ⅲ）	140~170	2.0~5.0
	方解石—玉髓石英（Ⅳ）	100	1.0~1.5

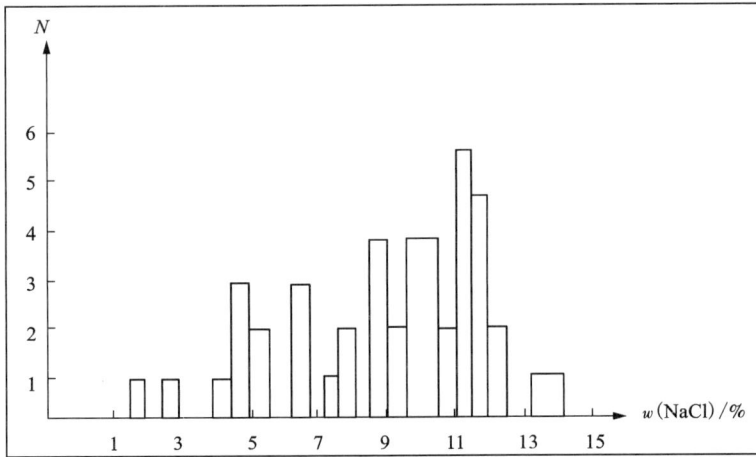

图 5-4　扎村金矿盐度图

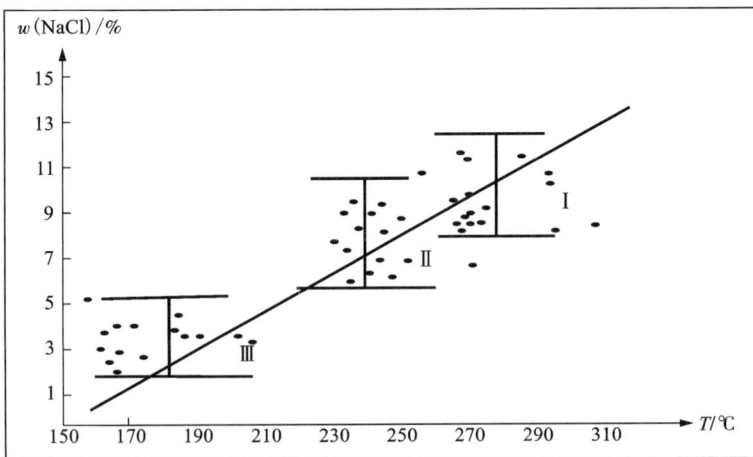

图 5-5　扎村金矿盐度-均一温度图

5.4.3 包裹体测温

包裹体的均一温度在 110~310℃ 范围内(表 5-6)。从均一温度直方图(图 5-6)中可分出 140~170℃、175~250℃、260~310℃ 三个主要区间和零星出现的 110~310℃ 区间,这与本区含金破碎带的四个构造演化阶段及其相应出现的四个蚀变矿化阶段是相吻合的,即早期矿化阶段的均一温度为 260~310℃;中期矿化阶段为 190~250℃;晚期矿化第一阶段为 140~170℃,晚期矿化第二阶段处为 100℃ 左右。结合矿化岩石分析,主要硅化和矿化的温度为 190~250℃ 和 260~300℃ 两个区间。

表 5-6 包裹体测温结果表

样品编号	测定矿物	爆破温度 /℃	峰值	爆裂温度 /℃	均一温度 /℃	备注
PD11JW1	石英				221~271	地质三大队资料
PD11JW2	碳酸盐				165~207	
100ZK2JW5	石英				190~245	
100ZK1JW7	石英				220~240	
119ZK1JW11	石英				152~208	
W169	白云石	300~325	出界	300~500+		微金研究组资料
W169	黄铁矿	200		200~400+		
W174	黄铁矿	331		295~420+		
W166	方解石	154~252	出界	150~400+		
W173	石英				140~160	
W176	石英				110~170	
W176	石英				230~260	
W195	方解石				147	
	石英和白云石				150~310 主要集中在: 265~290; 其次为: 195~210	贵州工学院资料

上述测温结果进一步证实区内矿化流体从早期至晚期温度有逐渐降低的趋势。反映出蚀变愈晚，流体温度就愈低。

本区爆裂温度为 150~500℃，如果舍去最高值不计，大致为 150~250℃ 及 300~330℃ 两个主要区间。其爆裂温度的区间与均一温度对应出现，说明爆裂温度可能代表成矿硫体重蚀变矿物沉淀时结晶温度的上限值，均一温度代表结晶温度的下限值，也是含金破碎带内蚀变矿化作用的温度。

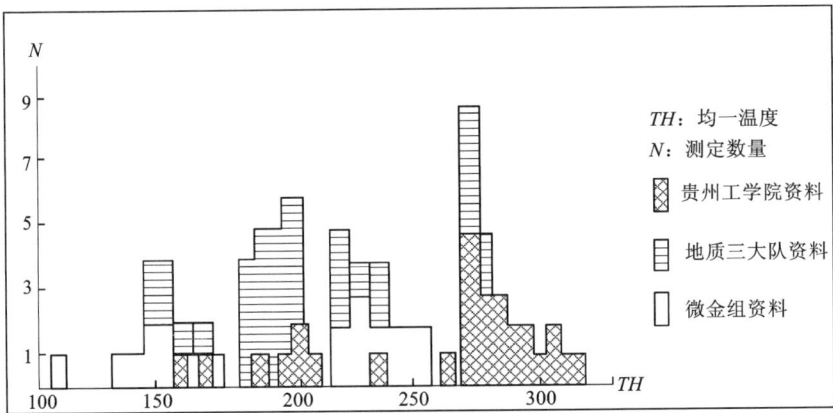

图 5-6　扎村金矿区均一温度直方图

5.4.4　成矿流体演变过程

根据矿区有关岩石、矿物、包裹体及同位素的研究资料[63]，在温度高于 320~350℃ 的弱酸性介质中，金可能与 Cl 结合成络合物，此时体系中的 H_2S 产生热解离，形成 H_2 和 S_2 两种中性气体分子，不参与化学反应，因此高温条件下，金不大可能与硫结合成络合物。但当流体继续运移时，温度下降，H_2S 电离形成 H^+、HS^- 及 S^-，其中部分 S^- 与 Fe^{2+} 或 Pb^{2+} 等分别结合生成 FeS_2、PbS 等矿物析出，流体与围岩组分的交换，以及 S^- 的还原作用，使系统内部的物理化学条件发生了变化，转变为弱碱性（或中性），金络合物发生解离，析出金矿物（沉淀在石英及硫化物裂隙中），形成硫化物-自然金-石英组合，这是主矿化阶段。

在弱碱性和中等温度条件下，S^- 或 HS^- 可能与金结合成（AuS_2）$^-$、〔Au（HS）$_2$〕$^-$ 等络合物，随着温度、压力的继续下降和氧的供给增多，CO_2 的活动性加强，同时由于大气降水和围岩有机质的加入，流体向酸性转变，使金的硫或硫络合物解离沉淀出金，或当溶液上升到浅部时，氧逸度增加和酸性水的进入，提高了氧化电位，形成三价铁矿物，但整体(系统)仍处于还原环境中。

5.5　微量元素地球化学特征

5.5.1　区内各类岩石微量元素的背景分布特征

区内 J_1y-P_2 地层中各类岩石的微量元素含量如表 5-7 所示。J_1y-T_3s 地层中各类岩石金含量都低于或接近维氏值；T_3w 中砂岩、粉砂岩金含量分别达 4.25×10^{-9} 和 6.9×10^{-9}，均略高于 T_3s 以上各地层。金含量在同一地层中具有砂岩类略高出其他岩类的特点，但总的仍属于正常背景分布范围。

各地层的各种岩类中，Zn、Sb 含量均普遍高于维氏值 1~3 倍，其他元素含量普遍偏低，在各类岩石中的分布无明显规律。

5.5.2　含金破碎带中微量元素分布特征

从扎村金矿区 PD11 坑岩石、矿石微量元素含量统计表(表 5-8)及扎村金矿区岩石、矿石微量元素含量变化对比表(表 5-9)中明显看出，矿层中 As、Sb、Hb、W 的含量普遍高于矿层顶底板及围岩，而 Cu、Pb、Zn 的含量则略低于或接近于矿层顶、底板及围岩。

本区的微量元素具有以下分布特征：

(1)各地层中各类岩石的 Au 背景含量为 0.7×10^{-9}~6.9×10^{-9}，主要集中在 1×10^{-9}~2.86×10^{-9} 范围内，各时代地层中又以 T_3w 和 P_2 地层中 Au 含量较高，但总的仍属正常 Au 的背景值分布范围；Hg、Sb、Zn 在各地层中的含量略高于维氏值 2~3 倍，其他元素普遍低于或接近维氏值。

(2)含金破碎带内 Au 的富集与次级构造有关，各阶段的热液矿化中，As、Hg、Sb、Pb、Cu、Co、Bi、Cr 等元素与 Au 矿化关系比较密切，其中 Hg、As 主要分布在破碎带的上部及其围岩中，Sb、W、Cu 主要分布在矿带中或矿体上部。

(3)本区金矿化具有多期次、多阶段、多成因的特点，高值区的出现主要是受次级构造的控制，由多次矿化叠加所致，这些高值异常区域与含金破碎带的产生和演化中形成的控矿次级构造分布域极为吻合。据此，可在区内由射白足—五里巷的含金破碎带分布区内，通过进一步的找矿工作，寻找新的控矿构造地段及新的金矿体。

表 5-7　扎村金矿区及外围地层中不同元素平均含量统计表

岩石名称	w(Cu)/10⁻⁶	w(Pb)/10⁻⁶	w(Zn)/10⁻⁶	w(Cr)/10⁻⁶	w(Ni)/10⁻⁶	w(Co)/10⁻⁶	w(W)/10⁻⁶	w(Mo)/10⁻⁶	w(Sn)/10⁻⁶	w(Sb)/10⁻⁶	w(Bi)/10⁻⁶	w(Au)/10⁻⁹	w(Hg)/10⁻⁶	备注
紫红色细砂岩、砂岩	21	6.2	65			8.2	0.3	0.5	1.9			0.95	0.118	
砂岩	18	10	139	88	37	16	0.4	0.5	1.8			1.6	0.108	
粉砂岩	38	27	208	92	42	15	0.5	0.5	2.7			0.75	0.081	
泥岩	36	10	191	73	31	10	0.4	0.5	2.2			1.3	0.012	
泥灰岩	24	8	90	30	20	7	0.3	0.5	0.5			1.0	0.152	1:5万区域地质调查报告《大仓幅蛇街幅》资料
砂岩	31	11	175	78	48	11	0.4	0.5	3			0.7	0.096	
黏土岩	31	5.3	188	53	36	8.8	0.4	0.5	2			1.2	0.095	
灰岩	23	28	178			19	0.3	0.5	1.3			1.87	0.145	
砂岩	28.5	12.5	90.5	38.5	12	23	0.55	0.5	0.85	6	0.4	4.25	0.096	
粉砂岩	0.5	1.75	100	20	9	6	0.3	0.5	0.8	25	0.3	6.9	0.132	
板岩	13.5	4.4	76	44	11	8.65	0.3	0.5	1.35	3.2	0.5	1.82	0.103	
灰岩	11	53	350	13	3	30	0.3	0.5	0.4			1.2	0.11	
砂质板岩	25.3	7.9	134.5			10.7	0.675	0.5	3.63	4	0.615	3.4	0.0835	
二云石英片岩		192.4	161.42									2.86		
混合岩		51.92	35.66									1.06		
维氏值	57	20	81	100	95	20	2	2	10	2	0.01	1	0.4	

表 5-8　扎村金矿区 PD11 坑及 TC144 槽岩石、矿石微量元素含量表

取样位置	样号	岩石类别	$w(Au)$ /10^{-6}	$w(As)$ /10^{-6}	$w(Sb)$ /10^{-6}	$w(Pb)$ /10^{-6}	$w(W)$ /10^{-6}	$w(Cr)$ /10^{-6}	$w(Cu)$ /10^{-6}	$w(Zn)$ /10^{-6}	$w(Co)$ /10^{-6}
矿体层	PD11kθ_1	矿化泥质粉砂岩	1.25		200	40	30	300	100	30	10
	PD11kθ_2	矿化黏土岩	2.79	500	100	40	30	300	100	20	10
	PD11kθ_3	石英砂岩型金矿石	4.51	500	100	30		200	50	20	10
	PD11kθ_4	矿化石英砂岩	1.47		200	20		100	40	20	5
	PD11kθ_5	碳酸盐化石英砂岩			200	20		200	100	30	10
顶板	PD11yθ_1	紫红色黏土岩			100	30		300	40	30	10
底板	PD11yθ_2	石英细砂岩			100	30		200	50	20	5
围岩	TC144yθ_3	泥灰岩			50	30		100	40	50	10
	TC144yθ_4	黑色页岩			100	30		100	400	50	10
	TC144yθ_5	石英砂岩			200	30		100	100	50	10

表 5-9　扎村金矿区岩石、矿石微量元素含量变化对比表

样品号	岩石名称	Cu	Pb	Zn	As	Sb	Hg	W	Bi	Au	备注
W2-2	紫红色石英砂岩	14	11	45	3.4	24.5	<0.01	28.4	0.04	0.90	据地矿部地质研究所资料
W2-8	矿化石英砂岩	14	17	12	93.8	169.1	0.03	65.5	0.20	470	
W2-10	矿化泥质粉砂岩	20	5	43	370	9.0	0.19	21.5	0.35	630	

续表 5-9

样品号	岩石名称	Cu	Pb	Zn	As	Sb	Hg	W	Bi	Au	备注
W2-4	未矿化砂岩	49	38	90	27.4	4.56	<0.01	7.5	0.28	9.20	据地矿部地质研究所资料
W2-6	未矿化泥质粉砂岩	66	29	142	3.9	19.5	<0.01	2.8	0.39	70	
W2-7	未矿化石英砂岩	20	29	55	20.8	22.4	0.03	7.5	0.16	4.20	
W2-9	未矿化泥质粉砂岩	36	30	136	20	8.13	0.03	3.5	0.40	3.30	
W5-4	三角的角砾状矿石	45	1600	<1	1.7	44.9（%）	10	4.8	0.2	23.80	

备注：Au 单位为 10^{-9}，其他元素的单位为 10^{-6}。

第6章 成矿系统及矿床成因

6.1 成矿系统

6.1.1 区内成矿作用与碱性斑岩的关系

如2.1小节所述，扎村金矿区位于滇西"三江"金沙江—哀牢山富碱侵入岩带内，滇西"三江"地区喜山期富碱岩体脉及与之相关的金多金属矿床形成时间上的连续性决定了它们在空间上的一致性。按矿化体(脉)与岩体(脉)之间的关系，可以分为三类[55, 93]，第一类是岩体(脉)内矿体，在斑岩体内多为细脉浸染状矿化。第二类是岩体与围岩的内外接触带，在接触带多为富硫化物板状体。第三类是岩体(脉)外矿体，这又有两种情况，一种是虽然矿脉在岩体(脉)外，看不出二者间的直接关系，但一般均相隔不远，可视为岩体的外接触带；另一种是相隔较远，甚至在矿区范围内没有发现有相关的岩体(脉)出露，后者多分布于西部的兰坪盆地的相关矿区内，但目前，区内也相继发现或具有隐伏的富碱岩浆活动和隐伏构造带存在[94-95]。此外，区内受碱性斑岩的影响，在赋矿空间上选择不同岩性界面和氧化还原界面，离岩体越远，成矿温度越低，矿种具分带性。

扎村金矿区内侵入岩不甚发育，在扎村金矿区南东13 km处的巍山莲花山—南涧金顶庄出露有大片的沿巍山河断裂侵入的以石英角闪二长斑岩、黑云角闪二长斑岩、石英二长斑岩等浅成—超浅成斑岩体群，其中，莲花山斑岩体普遍具金重砂异常，局部地段具金矿化；在扎村金矿区南5 km的西鼠街已发现了碱性斑岩的铜金矿点，且有岩体出露(图6-1)。扎村金矿床成矿作用与喜马拉雅期裂谷拉张环境下的富碱岩浆活动有关[57]。笔者认为扎村金矿体与莲花山碱性斑岩体之间的关系属第三类，矿体和岩体相隔较远，金矿区内没发现相关岩体出露，但两者却有直接关系，即莲花山石英二长斑岩岩浆活动对本区成矿有直接作用，既是重要的矿源和流体来源，又是驱动成矿流体循环的主要热源，主要依据如下：

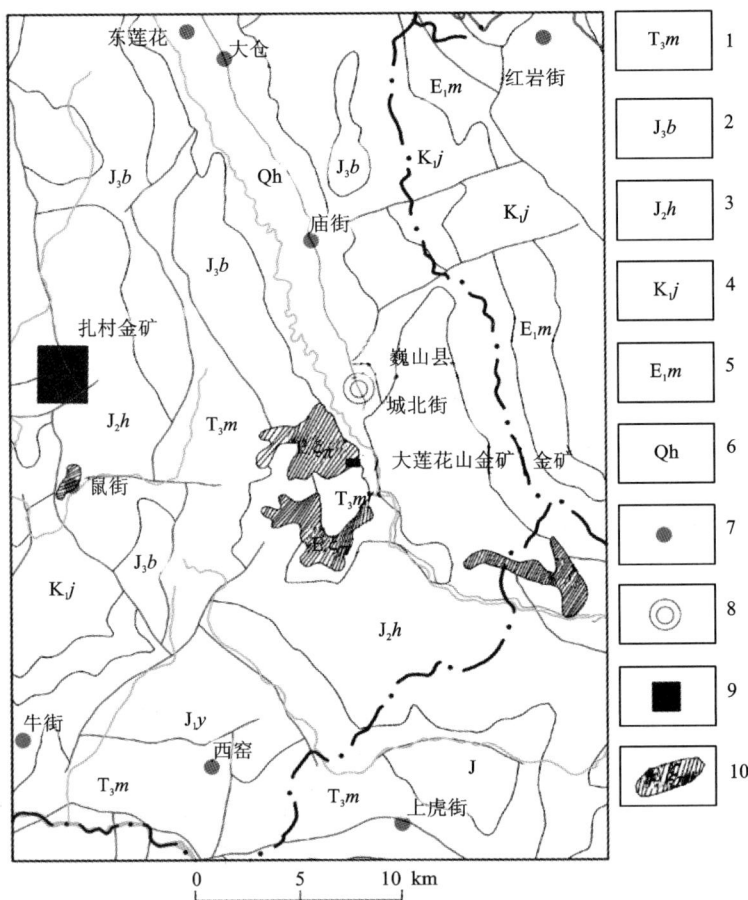

图6-1　扎村金矿区周围碱性岩体分布图

1—三叠系麦初箐组；2—二叠系坝注路组；3—二叠系花开左组；4—白垩系景星组；5—古近系勐野井组；6—第四系全新统；7—乡名；8—县名；9—矿床范围；10—碱性斑岩体

（1）扎村金矿、大莲花山金矿和莲花山富碱岩体成矿时代均为喜马拉雅期[55]，如表6-1，图6-1所示，莲花山岩体成岩年龄为37.53～46.9 Ma，大莲花山金矿床位于莲花山富碱岩体集中区内部。莲花山金矿的测定矿物伊利石是由矿化岩石灰色角岩化黄铁矿化泥质粉砂岩经加工分选出的，用K-Ar法测得年龄值为38.67±0.58 Ma，证明莲花山岩体围岩矿化蚀变与岩体成岩为同期，而扎村金矿的年龄为46.5 Ma，位于莲花山岩体成岩年龄区间，说明大莲花山金矿化由莲花山岩体侵入所致[96-97]。说明两者在成矿时间上有明确的对应关系，故表明扎村金矿成矿与莲花山富碱岩体的侵入有密切的关系，推测其主要成矿时期为喜马拉雅期。

表6-1　扎村金矿、大莲花山金矿及莲花山富碱岩体的成矿时代

矿床/矿区/岩体	测定矿物	年龄/Ma	测定方法	资料来源
扎村金矿	水云母	46.5	Rb-Sr 等时线	云南地科所，1999
大莲花山金矿	伊利石	38.67±0.58	K-Ar	中国石油勘探开发研究院实验
大莲花山	黑云母	46.9	Ar-Ar	云南区调队，1990
大莲花山二长花岗斑岩	黑云母	48	Ar-Ar	云南区调队，1990
大莲花山黑云母辉石二长岩	黑云母	48	K-Ar	巍山1∶20万区调报告
大莲花山角闪二长斑岩	全岩	37.53	K-Ar	巍山1∶20万区调报告
大莲花山辉石正长岩	全岩	38.6±2.5		董方浏，2002

（2）扎村金矿区控矿蚀变以黄铁矿化、碳酸盐化、硅化、重晶石化、绢云母化为主。大莲花山金矿区围岩蚀变发育，蚀变以硅化、黄铁矿化、绢云母化、褐铁矿化、碳酸盐化为主。扎村金矿区与大莲花山的矿化特征存在相同之处，即控矿蚀变都有黄铁矿化、碳酸盐化、硅化、绢云母化，表明扎村金矿区同大莲花山金矿区一样，成矿作用与喜马拉雅期岩浆（斑岩）活动有关。

值得注意的是，在杂砂岩型矿石中，除金、砷、锑矿化外，也伴有强烈的铜、铅、锌矿化，其中主要为浸染状黝铜矿化、黄铜矿化，伴随有方铅矿化和铁闪锌

矿化等，并常与浸染状-脉状碳酸盐化、硅化共生。此类矿石一般金品位较高，但数量少，分布局限。然而，正是由于该类型矿石的存在，使本区矿化特征与其他地区富碱斑岩体多金属矿化普遍存在的特点相似，从一个侧面表明了该区同其他地区一样，成矿作用与区域富碱岩浆活动有关[54]。

（3）由 5.1 小节可知，扎村金矿硫同位素 δS^{34}‰总的变化范围为 $-9.19 \sim +5.55$。其中围岩的 $\delta^{34}S$‰值为 $-2.08 \sim -9.19$，平均为 -6.12；含金破碎带内的热液矿化 $\delta^{34}S$‰为 $-3.99 \sim +5.55$，平均为 -0.53，含金破碎带中的热液矿化硫与幔源硫的特征基本一致。从硫同位素组成分布可知，矿化带与围岩的硫同位素分布在两个不同的区间，差别明显，说明两者的硫源不同，矿化硫主要来自幔源，而围岩中的硫则主要为壳源硫，其 δS^{34}‰值部分与矿化硫接近，亦表明其与矿源硫曾产生了一定的均一化置换作用。扎村金矿床硫同位素组成的这一特征充分表明，即使在矿区范围内没有富碱岩体的出露，深部仍有存在隐伏斑岩体的可能。

另外，北衙金矿硫同位素 δS^{34}‰的变化范围为 $-2.4 \sim +4.5$，马厂箐金矿硫同位素 δS^{34}‰的变化范围为 $-1.2 \sim +4.4$[55]。上述两个典型的富碱岩型金矿硫同位素 δS^{34}‰的变化范围均在扎村金矿硫同位素 δS^{34}‰的变化范围之内，从而进一步证明了扎村金矿区内成矿作用与富碱性斑岩有直接联系。

（4）据研究，岩浆热液成因的矿石铅往往表现为正常铅的性质，而且同位素组成的变化也不大，一般 $w(Pb^{206})/w(Pb^{204}) < 19.5$，$w(Pb^{207})/w(Pb^{204}) < 16$，$w(Pb^{208})/w(Pb^{204}) < 39$。如表 6-2 所示，扎村金矿体内黄铁矿的铅同位素组成中，$w(Pb^{206})/w(Pb^{204})$、$w(Pb^{207})/w(Pb^{204})$、$w(Pb^{208})/w(Pb^{204})$ 的变化均较小，分别为 $18.412 \sim 18.4199$、$15.5984 \sim 15.6365$、$38.6183 \sim 38.7613$，均在上述岩浆热液成因的矿石铅同位素变化范围内，亦表明了扎村金矿区成矿流体与岩浆活动形成的热液有关，扎村金矿铅同位素变化范围与典型富碱岩型的北衙金矿及马厂箐金矿铅同位素变化范围相近，说明了扎村金矿区内成矿作用与富碱性斑岩有直接关系。

表 6-2　扎村、北衙、马厂箐金矿区铅同位素组成

矿区/矿石	$w(Pb^{206})/w(Pb^{204})$	$w(Pb^{207})/w(Pb^{204})$	$w(Pb^{208})/w(Pb^{204})$	备注
岩浆热液成因的矿石铅	<19.5	<16	<39	

续表6-2

矿区/矿石	$w(Pb^{206})/w(Pb^{204})$	$w(Pb^{207})/w(Pb^{204})$	$w(Pb^{208})/w(Pb^{204})$	备注
扎村金矿	18.412~18.4199	15.5984~15.6365	38.6183~38.7613	云南地质三大队
北衙金矿	18.581~18.637	15.598~15.728	38.754~39.094	刘显凡,1999
马厂箐金矿	18.502~18.960	15.608~15.992	38.787~39.393	毕献武等,2001

（5）扎村金矿化主要受麦初箐组（T_3m）石英砂岩、泥质粉砂岩地层岩性控制。大莲花山金矿化主要分布在石英二长斑岩内外接触带，而石英二长斑岩成岩侵入于上三叠统麦初箐组砂岩、石英砂岩和粉砂岩内，接触界面不规则，表明大莲花山金矿化主要受上三叠统麦初箐组（T_3m）砂岩、石英砂岩和粉砂岩地层岩性控制。进一步证明了扎村金矿化与石英二长斑岩侵入有关。

综上所述，本区成矿作用与碱性斑岩有直接关系，且深部存在隐伏斑岩体。

6.1.2　成矿要素分析

1.成矿物质来源

成矿物质是成矿的首要前提，主要包括成矿金属元素及其伴生微量元素、硫和硅质等。据前面对矿床地球化学特征的阐述，本区成矿物质具有多来源的特点，矿床中与金矿化密切相关的黄铁矿的硫同位素组成、石英包裹体中的氢、氧同位素组成以及铅同位素组成均表明矿质具幔源和壳源的混合来源特征，且根据上述分析，本区矿质来源与喜马拉雅期岩浆（斑岩）活动有直接关系。

2.成矿流体

成矿流体为中低温盐度的矿化流体，气相成分以 H_2O 及 CO_2 为主，液相成分中阳离子以 Na^+、Ca^{2+} 为主，K^+、Mg^{2+} 次之，阴离子以 SO_4^{2-}、Cl^- 为主，具有较高的 Sb、Co、Cu、As 含量。成矿流体来源于岩浆水、大气降水的混合液，成矿物理化学环境为弱酸性弱还原环境。推测莲花山石英二长斑岩侵入带来的热液与盆地中的流体共同作用，一部分成矿物质为岩体带来，另一部分为萃取盆地中的金属，沿构造断裂带上升，在三叠系与侏罗系之间的氧化还原界面发生沉淀形成矿体。

3.成矿作用的驱动能量

成矿仅有矿源是不够的,成矿物质还需要有适宜的驱动力促使其活化迁移,才可能运移到合适的场所富集成矿。喜马拉雅期岩浆(斑岩)活动尤其是大莲山和西鼠街附近的碱性斑岩体为成矿作用提供了部分成矿物质和成矿流体来源及成矿热动力条件,且根据现有研究,通过1:20万磁异常推断该区存在隐伏岩体,故区内隐伏的斑岩体也是重要的成矿驱动力之一。

4.运矿通道及储矿空间

大量研究表明,断裂构造常可作为运矿通道和储矿场地[98-101]。区内与成矿、控矿关系较密切的是近南北向的断裂(即含金破碎带),其次为北东东向断裂、北东向断裂等。上述断裂早期可能为张性,后期在喜马拉雅水平挤压应力作用下转变成压扭性(或推覆-滑动构造),形成长达数十公里的断层角砾岩带,并伴随有中酸性-碱性岩浆的侵入,从而导致广泛的热液蚀变。因此,该组断裂是区内最主要的导矿及容矿构造,并为区内含矿热液提供了良好通道和储矿空间,从而表明断裂及层间破碎带为储矿空间。

6.1.3 成矿系统模型

结合区域成矿地质背景、区内成矿作用与碱性斑岩的关系分析及各成矿要素特点提出扎村金矿区属热液(水)成矿系统类[15],其成矿系统模型如图6-2所示。

扎村金矿区处于兰坪—思茅坳陷带中段,从晚三叠世—古新世该地块下陷逐渐发展为一个规模宏大的南北向堑沟构造,在堑沟中沉积了厚达9600 m以上的巨厚沉积物。在这段地质历史时期中,该地槽经历了强烈的印支运动和燕山运动,并伴随有一系列的岩浆侵入和喷溢活动,使得该地区构造极其发育,为今后成矿提供了有利的成矿空间。

喜马拉雅运动使兰坪—思茅坳陷带整体抬升,使包括巍山—漾濞断块在内的整个地堑带产生强烈褶皱,在该地堑带中段形成紫金山复式背斜。在长期水平挤压应力作用下,下渗于地层中的大气降水,沿断裂和裂隙向地壳深部继续下渗,并与巨厚地层中封存的岩浆水混合。此期间一系列浅成和超浅成的斑岩体的侵入,为上述混合液提供了热源和部分成矿物质,并在高温高压下产生不完全的均一化,形成高度矿化的混合水。

这些矿液在长期挤压应力和深部各种热动力的作用下,沿复式背斜近核部的隐伏深断裂向地壳上部迁移,当这些矿液中的金属元素经远距离迁移到含金破碎带之推覆断裂带时,金开始沉淀,自然金与同时或稍早形成的粗粒黄铁矿及石英在破碎带中沿裂隙以充填为主富集成矿。

　　总之,在成矿系统理论指导下,确定发现本区金矿床的思路,运用新的思路对区内找矿工作进行新的思索和尝试,对许多新发现的矿产地乃至还没有发现明显矿化信息但理论分析具有较好成矿条件的新区进行重新评价,开展系统找矿,以求更大的突破。

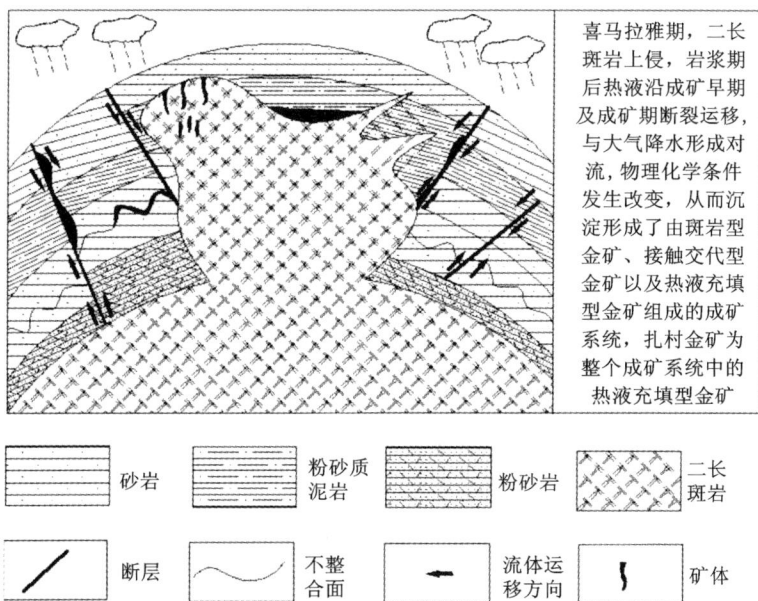

图 6-2　扎村金矿区成矿系统模型

6.2　矿床成因

6.2.1　成矿物质来源

　　如前成矿要素分析中可知,本区成矿物质具有多来源的特点,从矿床中与金矿化密切相关的黄铁矿的硫同位素组成、石英包裹体中的氢、氧同位素组成以及铅同位素组成,均表明矿质具幔源和壳源的混合来源特征。本区矿质来源与喜马拉雅期岩浆(斑岩)活动有直接关系。

6.2.2 金及伴生元素 Hg、Sb、As 的迁移形式

本区包裹体测温及包裹体液相成分的研究表明,矿化的平均温度 $T = 250℃$,$f(O_2) = 10^{-33}Pa$,$f(S_2) = 10^{-5}Pa$,$pH = 6$。当 $Au(HS)_2^-$ 与自然金平衡时,$Au(HS)_2^{-1}$ 的浓度可高达 $7.23×10^{-8}$,而 $AuCl_2^-$ 的浓度仅为 $4.7×10^{-10}$,说明本区金主要是以硫的络合物形式进行搬运的,这与本区矿化早期矿液处于还原环境,矿化类型为黄铁矿(粗粒)-石英-铁白云石-自然金,粗粒黄铁矿为该矿化期的载金矿物的特征是相吻合的。

矿化中期,含金破碎带处于开放状态。物化条件较早期发生了明显的改变,随着成矿温度逐渐降低,压力逐渐减小,伴随自然金继续沉淀,矿液中 $[Au(HS)_2^- +1/2H_2O+H^+ = Au↓+2H_2S+1/4O_2]$,$S^{2-}$ 增加,黄铁矿大量生成的同时,Hg、Sb、As 的硫化物亦形成,构成了本区的黄铁矿-石英-白云石-多金属硫化物-自然金矿化阶段。而 Hg、Sb、As 的硫络合物和氯络合物均较 Au 的络合物稳定,因此具有更大的活动性,除在矿带中部分沉淀外,还向围岩方向不断扩散而构成了本区的远矿晕。

矿化晚期,随着雨水的大量渗入,矿液逐渐转变为以壳源为主的矿质浓度逐渐降低的常温地下水,由于物化条件发生了本质的变化,金矿化在破碎带中已逐渐终止,仅有少量汞、砷矿化发生。

6.2.3 成矿机制探讨

据前所述混合水在长期挤压应力和深部各种热动力的作用下,沿复式背斜近核部的隐伏深断裂向地壳上部迁移,在迁移过程中还继续溶解和吸取围岩中的硫及少量金属元素。当这些以硫及氯的络合物存在于矿液中的金属元素经远距离迁移到含金破碎带之推覆断裂带时,由于物化条件的改变,即压力的下降,$f(O_2)$ 稍增加(但仍处于还原环境),pH 减小,围岩中的 Fe^{2+} 进入矿液,这时矿液温度为 $260~300℃$,pH 为中偏碱性,金开始沉淀,自然金 $[即 Au(HS)_2^- +Fe^{2+}→FeS_2↓+Au↓+2H^+]$ 与同时或稍早形成的粗粒黄铁矿及石英在破碎带中沿裂隙以充填为主富集成矿。而砷则部分沉淀($As_2S_4^{2-}→As_2S_3+S^{2-}$),部分向围岩扩散,形成砷的远矿晕。

矿化中期,由于持续的变形作用和受力的不均衡和间断性,致使破碎带东侧

形成由西向东的强张滑脱构造，含金破碎带上盘下滑，破碎带自半封闭状态转化为开放状态，但由于破碎带上、下盘的岩性为砂泥岩互层，具有良好的隔挡作用，使破碎带成为自成体系的热液活动区。本阶段成矿温度为 $190\sim250℃$，$f(O_2)$ 虽继续增大，但仍处于还原环境。压力的下降使大量向上运移的矿液活力大大增加，并与围岩较广泛地发生了置换反应，矿化由以充填为主的方式转化为以交代为主的方式，伴随黄铁矿、石英、白云石的沉淀以及自然金的沉淀，微量元素 As、Sb、Hg、Cu、Pb、Zn 亦以硫化物的单矿物形式沉淀，形成了区内的第二矿化阶段，即黄铁矿(脉状)–石英–白云石–多金属硫化物–自然金阶段。由于压力的减小，温度的降低，黄铁矿结晶速度加快，故粒度较早期为小。

上述两个主要矿化阶段的叠加，构成了扎村金矿床。

矿化晚期，破碎带再度经历了强度较第一、二期小的第二构造旋回，即先挤压，后滑脱，使破碎带规模进一步扩大。由于构造环境的改变和雨水的大量渗入，导致了矿液的性质由含矿质丰富的高浓度热卤水逐渐转化为含矿质较少的以大气降水为主体的常温地下水。这一阶段金矿化由微弱直至消失，蚀变类型为玉髓石英–方解石–微粒浸染状黄铁矿。

6.2.4　矿床成因类型

对于扎村金矿床的成因类型，有部分学者认为[57, 102]属于卡林型金矿，卡林型金矿亦称沉积岩型、微细粒浸染型金矿，是一种主要产生于碳酸盐岩建造中的重要金矿类型。通过对扎村金矿和卡林型金矿的成矿条件、矿床地质特征、矿床地球化学特征[103-109]等方面做对比分析，笔者认为扎村金矿床虽与卡林型金矿有相似之处，但并非卡林型金矿。下面做具体分析。

扎村金矿与卡林型金矿的相似之处：

(1)大地构造环境相似。我国目前发现的卡林型金矿大多分布于扬子板块周缘的古裂谷带和弧后盆地，扎村金矿位于兰坪—思茅盆地中。

(2)控矿构造相似。卡林型金矿床多分布于背斜构造倾伏端、背斜轴转端及背斜翼部，控矿褶皱主要为短轴背斜和穹隆构造；矿床主要形成于压性或压扭性断裂带，层间虚脱和张裂部位是金矿体赋存的重要部位。扎村金矿位于紫金山复式背斜，控矿褶皱和断裂构造与卡林型金矿相似，金矿体主要赋存于断裂和层间构造带中。

(3)赋矿地层层位相似。卡林型金矿赋矿层位以三叠系为主，次为二叠系。

扎村金矿赋矿层位为三叠系。

(4)成矿元素组合相似。卡林型金矿床具有特定的 Au-As-Hg-Sb-Ba 等成矿元素组合。扎村金矿床成矿元素组合为 Sb-Hg-Au-As。

(5)矿体特征相似。卡林型金矿床矿体一般呈不规则的似层状、透镜状,亦有脉状、条带状。扎村金矿体多呈透镜状、似层状,少数为分枝复合状等形态。

(6)同位素特征相似。卡林型金矿床的硫同位素研究结果表明[110-112],不同地区含矿地层的 δS³⁴‰值为-21.2~17.7,反映局部沉积环境变化较大和硫来源具有多样性。扎村金矿床硫同位素 δS³⁴‰总的变化范围在-9.19~+5.55,位于卡林型金矿床硫同位素变化范围内,且硫来源与之相似;卡林型金矿床的氢、氧同位素组成变化范围大,说明成矿热液具有多来源混合成因,扎村金矿床氢、氧同位素特征也与之相似。

扎村金矿与卡林型金矿的不同之处:

(1)岩浆岩条件不同。卡林型金矿区内或者其附近都存在以岩墙和岩脉形式产出的长英质侵入体,成分从花岗闪长质到花岗质变化,这些浅成侵入体可能为卡林型金矿成矿作用的热液。通过 6.1.1 小节分析可知扎村金矿区成矿与石英二长斑岩岩浆活动有直接关系。

(2)蚀变特征不同。卡林型金矿床的围岩蚀变有碳酸盐化、硅化、泥化、硫化物化等,一般碳酸盐化和硅化与金矿化时间接近。而扎村金矿床的围岩蚀变以黄铁矿化、碳酸盐化、硅化、重晶石化、绢云母化为主,一般黄铁矿化、硅化与金矿化时间接近。

(3)矿石特征不同。卡林型金矿常见矿石矿物包括黄铁矿、毒砂、辉锑矿、雄黄、雌黄及辰砂等,并以缺少其他贱金属硫化物为特点,其中黄铁矿、毒砂一般形成时间相对较早。而扎村金矿常见矿石矿物主要包括然金、黄铁矿、褐铁矿、方铅矿、闪锌矿、自然铅及磁铁矿等,且在早中晚期三个阶段均有黄铁矿的形成。

(4)包裹体物理化学特征不同。卡林型金矿床流体盐度低,$w(NaCl)$ 为 1%~7%,包裹体成分以 H_2S 和 CO_2 为主,成矿温度低,为 180~245℃。而扎村金矿床流体为中低温盐度,$w(NaCl)$ 为 1%~12.5%,包裹体成分以 H_2O 和 CO_2 为主,成矿温度为中低温,110~310℃。

综上所述,扎村金矿床成因虽与卡林型金矿有相似之处,但是也有不同之处,且不同之处中的 1、2、4 点在矿床成因中尤为重要,故笔者认为扎村金矿并非卡林型金矿类型。

通过上述对扎村金矿成矿条件、金矿化过程及矿床成因机制的分析可知，扎村金矿具有多种物质来源和多阶段、多成因的特点，在整个成矿过程中矿化热液活动具有继承性同源、同流体系（即矿化热液从开始到告终均来自混合热卤水）的单源演化特征，含金破碎带内各构造演化阶段的特征虽然各异，但与之对应的各矿化阶段形成的矿物与元素组合仍具有相似的特征，即均以自然金+黄铁矿+白云石+石英为最主要、最基本的组合形式。因此，笔者认为本区矿床成因类型为岩浆热液型中—低温型金矿床，并非卡林型金矿床。

第7章 成矿预测

　　成矿预测是在成矿理论、成矿模式和成矿规律的研究基础上，结合地质、物探、化探、遥感多源地学信息圈定有利找矿地段或靶区，是对成矿理论、成矿模式和成矿规律的检验和验证[113-115]。本书是在本区矿床地质特征、成矿系统、矿床成因、矿区物化遥特征综合研究的基础上，运用新的成矿理论及对已知矿床矿化规律的认识，对扎村金矿区进行成矿预测研究。

7.1　矿区物化遥自然重砂特征

7.1.1　地球物理特征

1.重力异常特征

　　1∶250000 布格重力异常值西南部高、东北部低，场值范围为$-230\times10^{-5} \sim -250\times10^{-5}\mathrm{m/s^2}$，西南和东南部表现为低缓的重力高值异常，东北部表现为宽缓的重力梯级带，矿区处于梯级带之上。剩余重力异常在南部和东北部表现为强度$-1\times10^{-5} \sim -2\times10^{-5}\mathrm{m/s^2}$的负异常，其他部位为强度 $1\times10^{-5} \sim 2\times10^{-5}\mathrm{m/s^2}$的正异常，矿区处于正的背景场上[116]。

2. 航磁异常特征

1：250000航磁ΔT为正磁场区，场值西部强东部弱，西南部表现为幅值为 4nT 的 NE 走向半椭圆形正异常，东部为背景区，矿区处于中部向东凸出的弧形梯级带上，梯级带梯度为 2.5nT/km。ΔT 化极后场值变为负值，西部 NNE 向椭圆形相对高值异常（幅值 4nT）范围扩大，东部展布为近南北向的梯级带，矿区位于梯级带的梯度由陡变缓处。ΔT 化极垂向一阶导数西部以正异常为主，东部以低缓的负异常为主，矿区位于零值线附近正、负异常交替部位。

3. 电性特征

矿区物性资料由岩芯标本实测结果进行几何平均统计而得（表7-1），由于标本不规则，未作视电阻率计算。

表 7-1　扎村金矿区物性测定统计表

岩矿石名称	样品数 /件	视极化率 η_s/%	
		平均值	变化范围
砂岩、粉砂岩	17	0.26	0.1~2.3
金矿化层	3	0.69	0.4~1.1
碳质泥岩、碳质黏土岩	24	2.18	0.1~8.2

（1）金矿化层 η_s 是砂岩的 2.7 倍，属高极化体，可产生高 η_s 异常；

（2）碳质泥岩及碳质黏土 η_s 是砂岩的 8.4 倍，是金矿化层的 3.2 倍，是严重干扰层，利用激电异常与电化学和化探异常相结合进行解释能有效识别。

4. 激电与自电剖面异常特征

金矿体顶部，视极化率（η_s）、视金属因子（J_s）均出现高值异常和不明显的视电阻率（ρ_s）低阻异常。在 η_s、J_s 的高值异常部位，自然电位（ΔU）为负异常（ΔU 极小值约 20 mV），其他部位为正异常（ΔU 极大值达 135 mV，一般均大于 50 mV）。

近场源同点二极除 $AM=50$ m 无明显异常外，其余极距 AM 由小到大 η_s 极大值变化范围为 1.8%~3.8%，相对围岩 η_s 异常幅值增大 3.6~9.5 倍；中间梯度法 η_s 极大值可达 4.4%，相对围岩 η_s 异常幅值增大 8.8 倍；同样 J_s 异常极大值变化范围为 26×10^{-3}~64×10^{-3}，相对围岩 η_s 异常幅值增大 6.5~16 倍；而 ρs 异常极小值为 75 Ω·m，而围岩的 ρ_s 平均值约等于 150 Ω·m，差异很小，导致异常不明显（图7-1）。

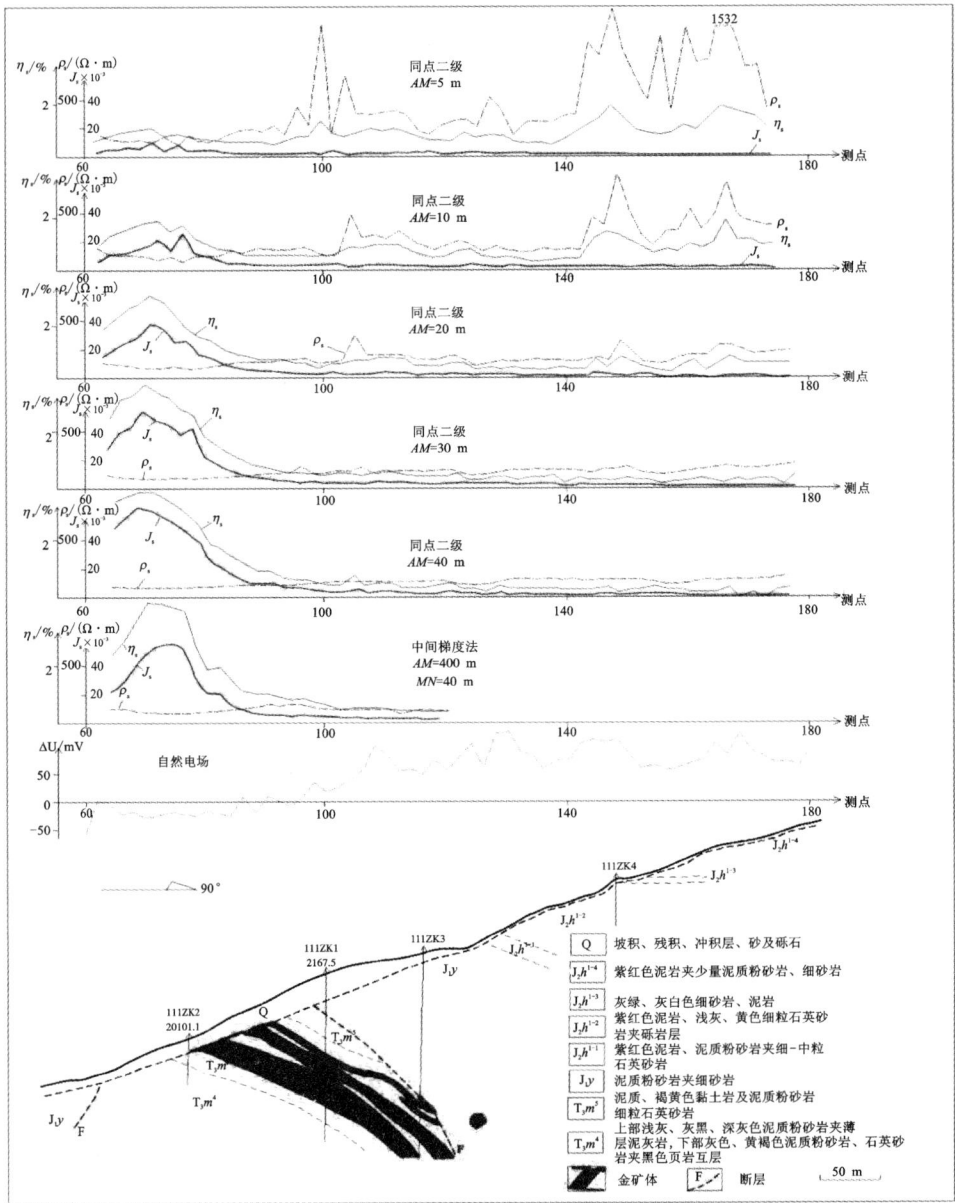

图 7-1　巍山县扎村金矿Ⅲ线电法综合剖面图

(据云南省矿产潜力评价报告，2010)

7.1.2　地球化学特征

1.元素组合特征

巍山县扎村金矿地球化学异常特征[116]见图7-2,异常元素组合简单,为Au、As、Hg、Sb等元素组合异常,为一组低温元素组合,各元素异常总体相互套合尚算可以,Sb与Au比较吻合,As、Hg与Au发生微弱偏离。

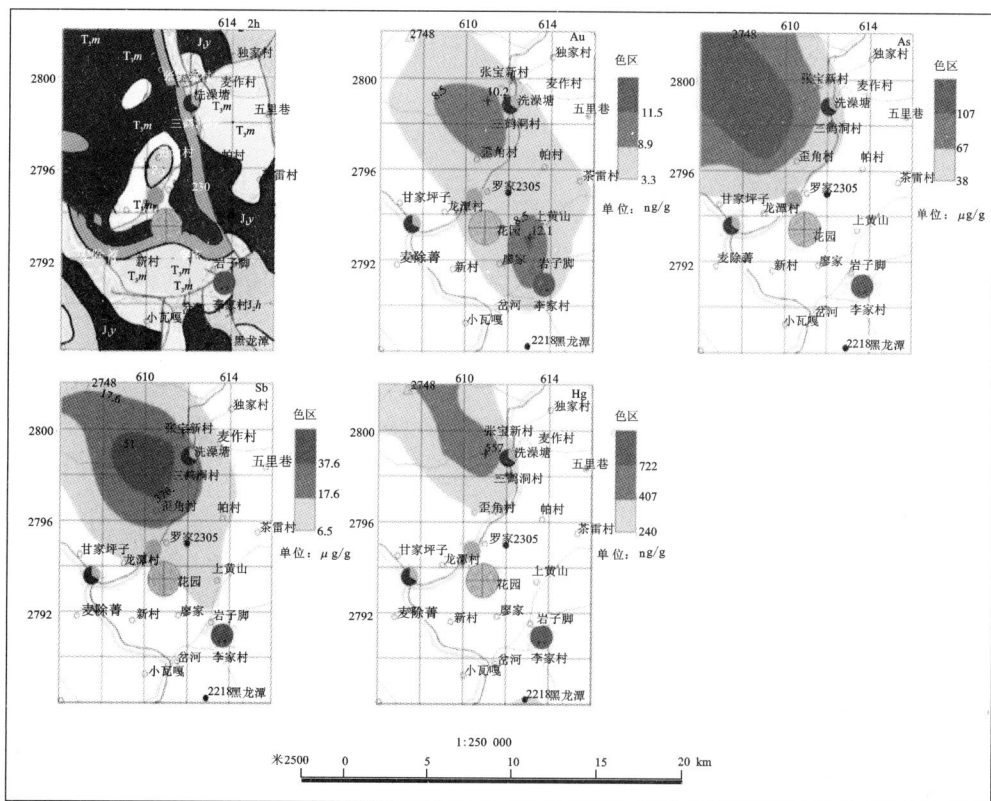

图7-2　巍山县扎村金矿区化学异常剖析图

(据云南省矿产潜力评价报告,2010)

2.地球化学异常特征

地球化学异常与金矿床呈偏心分布,总体走向呈北西向,与区内北西向背斜构造和主要断裂一致;Au、Sb异常主体部分位于矿床的北部、东部,矿床在异常边缘;As、Hg异常则分布于矿床的北部、北西部;Au、As、Hg、Sb异常均强度

高、面积广、规模大、浓集中心明显，As、Sb 具三级浓度分带，Au、Hg 具二级浓度分带。

异常分布于北西向背斜构造核部，出露地层为二叠系羊八寨组，三叠系麦初箐组、挖鲁坝组、歪古村组，侏罗系漾江组、花开佐组等；异常区产有中型金矿1 个、小型汞矿 1 个、铅锌银矿点 2 个、铜矿点 1 个。

3. 大比例尺地球化学特征

从 Au、As、Sb、Hg、Cu、Pb、W、Co 异常看，Au、Hg、Co 土壤异常与金矿体较吻合，As、Cu、Pb 异常分布于外侧；岩石测量异常均围绕矿体分布。

7.1.3 遥感解译特征

研究区矿产地质遥感解译特征主要从"线、环、带"三个要素分析[116]（如图7-3 所示）。

线要素：研究区线性构造主要是由于断层、脆韧性变形构造和节理劈理构造所形成的。线性构造总体呈 NNW 向展布，与 NNE 向构造关系较为密切。

环要素：研究区内主要有褶皱引起的环形构造以及与隐伏岩体有关的环形构造，还有一部分为成因不明的环形构造，有许多环套环的环形构造。矿化主要产出于环形构造叠合、交切的部位，显示出矿化与后期改造作用关系较为密切。

带要素：该环块处于兰坪—思茅中新生代上叠陆内盆地内，色调呈鲜绿色、影纹细腻平滑，均区别于围岩。层间破碎带是含矿区域，带内硅化砂岩与沉积-改造型砷有关；灰岩、页岩与锑相关；石灰岩与褐铁矿相关。还有色带色调呈土黄色，整带较平坦，无碎纹，碎裂泥岩、碎裂石英砂岩与金、铁、铜矿有关。

7.1.4 自然重砂

与金矿相关的自然重砂矿物主要有自然金、毒砂、黄铜矿、黄铁矿、白钨矿、辰砂等，在云南省自然重砂数据库中均有检出[116]。云南省巍山县扎村金矿矿石矿物为自然金-黄铁矿，黄铁矿、自然金有重砂异常分布。

研究区自然重砂异常如图 7-4 所示。由重晶石、辰砂、白钨矿等多种矿物组合而成。选择 3 级标准值以上作为异常，用汇水盆地圈定异常范围。本区共圈定重砂异常 4 个，其中 I 级异常 2 个，III 级异常 2 个（表 7-2）。

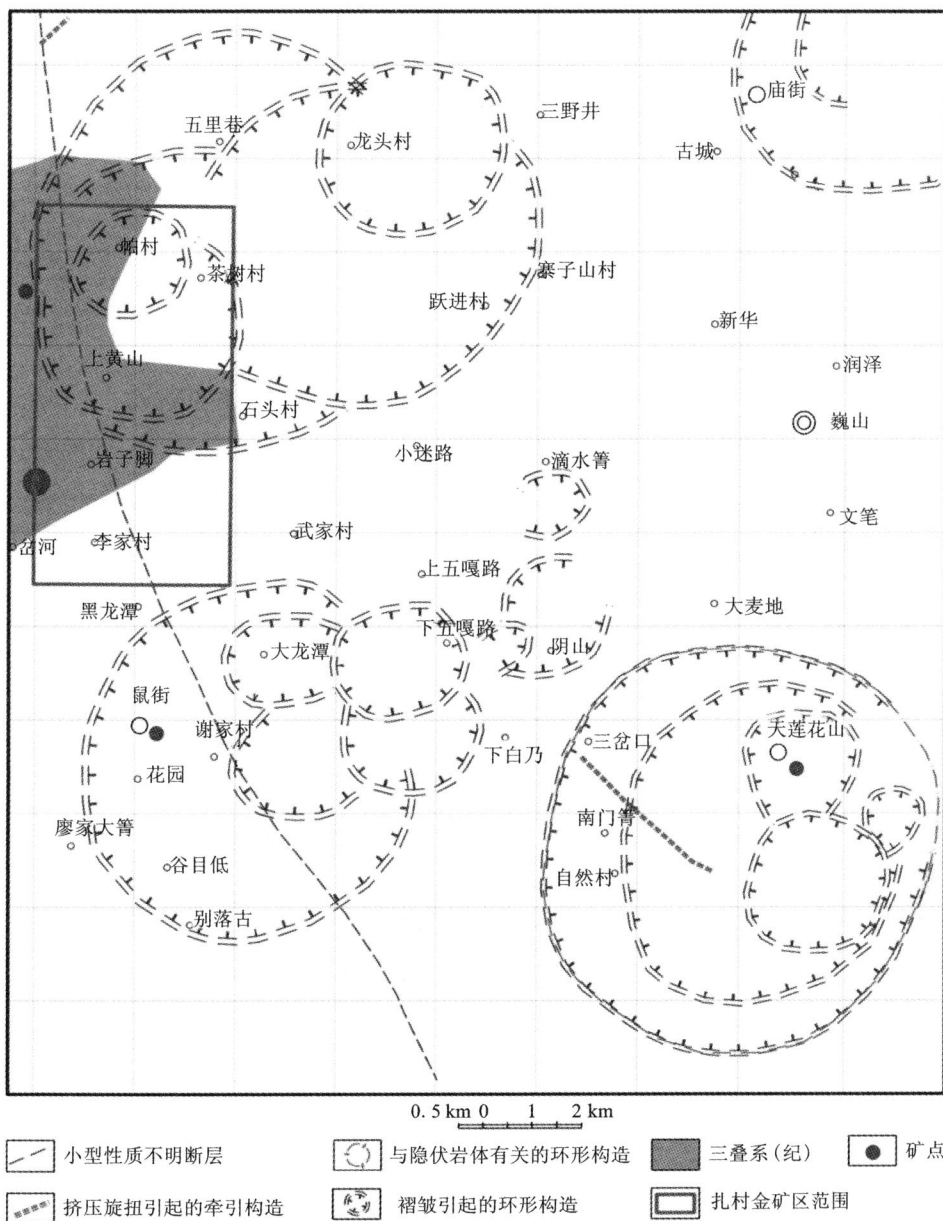

图 7-3　扎村金矿区遥感矿产地质特征与近矿找矿标志解译图

（据云南省矿产潜力评价报告，2010）

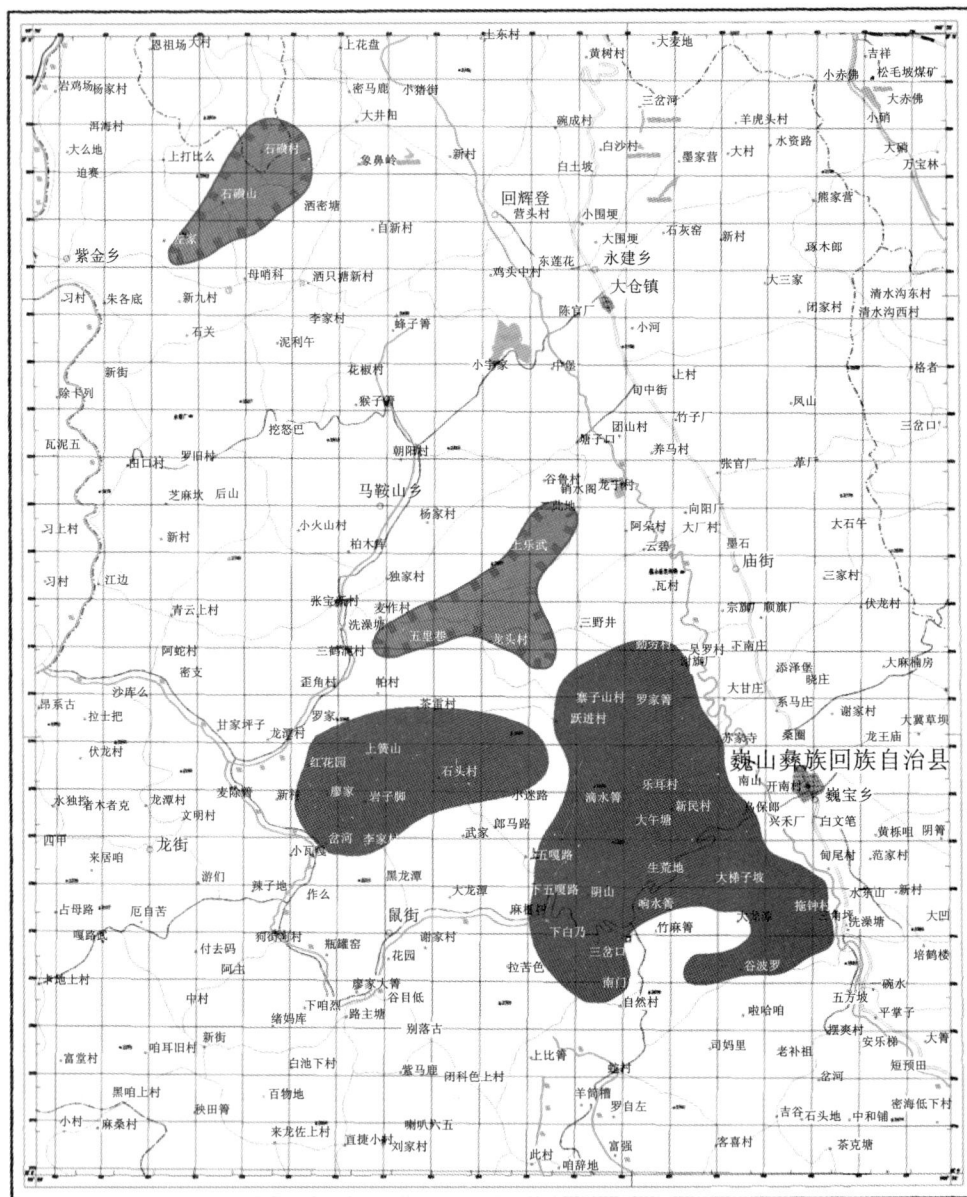

图例　⬤ 重砂Ⅰ级异常　⬤ 重砂Ⅲ级异常

图7-4　扎村金矿区自然重砂异常图

（据云南省矿产潜力评价报告，2010）

扫一扫，看彩图

表7-2　扎村金矿区重砂异常分布表

异常类型	重砂异常名称	矿物名称	异常分级	异常面积	重砂推断矿种
组合矿物异常		辰砂、重晶石、黄铁矿	Ⅲ级	18.65	金矿
组合矿物异常		辰砂、磁铁矿、重晶石	Ⅲ级	23.29	金矿
组合矿物异常	巍山县扎村Ⅰ级异常	自然金、辰砂、黄铁矿	Ⅰ级	44.16	金矿
组合矿物异常	滇金065	黄铁矿、自然金、磁铁矿	Ⅰ级	111.02	金矿

7.2　成矿规律

7.2.1　控矿因素

扎村金矿的形成是在特定的地质环境中，经过长时期综合地质作用的结果。尽管控制矿床形成的因素较多，成矿过程较复杂，但总的来说可分为以下三种。

1. 区域地质背景因素

兰坪—思茅坳陷带是构造活动的强烈区，在古新世以前坳陷带形成及演化的过程中，巨厚沉积物内所封存的多种来源的富含矿质的混合水是本区最主要的矿源。由于喜马拉雅造山运动在提供热源的同时，又提供了部分矿质，使包括喜马拉雅期岩浆水与上述众多来源的含矿热液混合，在长期挤压应力和深部热动力的作用下形成循环热卤水，该类矿液在坳陷带中各种物化条件适合的场所成矿。而在坳陷带中的隐伏断裂是上述矿源运移的通道，因此也是形成本区金矿化带空间展布的重要宏观控制因素。

2. 构造因素

伴随喜马拉雅期构造运动所形成的浅成—超浅成偏碱性斑岩岩浆活动是本区的重要控矿因素，沿紫金山复式背斜近轴部分布的侧压式推覆-滑脱构造组合带即含金破碎带，是导致扎村金矿床形成的最主要的控矿构造，而破碎带内由多期构造活动所产生的次级构造(小断裂、裂隙),则是控制金矿体在破碎带内的空间分布、产出形态以及矿化强度的主要因素。

3. 蚀变因素

破碎带内热液蚀变的类型和强度与金矿化关系密切,具有以黄铁矿化(粗粒黄铁矿,脉状、斑块状黄铁矿)-硅化-白云石化为主体的热液矿化的矿物组合形式,是本区金矿化过程中最基础的矿化组合。而该类矿化的多次叠加,则是构成工业矿体的又一主要因素。

7.2.2 金矿化富集规律

1. 金矿体的富集与碎裂岩岩性或角砾成分密切相关(含矿热液渗透性)

碎裂岩或角砾成分为细砂岩夹粉砂岩,金矿化较强。由于破碎带周围岩性为泥质粉砂岩或粉砂质泥岩,破碎带多为泥质较紧密胶结,总体较致密,含矿热液沿细砂性角砾岩具较好的渗透性,有利于进行反复交代而使金矿化增强。

2. 金矿体主要产于构造破碎带的中下部(赋矿部位)

控矿破碎带蚀变由底部向顶部具减弱趋势,金矿体主要产于不整合面附近的上部 T_3 岩性碎裂岩中,远离则矿化减弱。

3. 金矿化强度与硅化、褐铁矿化关系密切(矿化蚀变)

破碎带下部、中部硅化强烈,相伴褐(黄)铁矿化,主要表现为砂岩中胶结物几乎全为硅质替代,粉砂岩纹层理面层、裂隙中为硅质充填,褐(黄)铁矿沿裂隙和填隙物间呈脉状、团包状或浸染状产出,相应金矿化增强。

7.2.3 成矿控矿规律

根据扎村金矿区上述综合分析,区内的成矿规律为:矿区由上三叠统三合洞组(T_3s)灰岩至中侏罗统花开佐组(J_2h)红层等组成,为一近南北向展布的向东倾斜的单斜构造。主干断裂构造则平行于复式背斜轴向呈北北西向或近南北向分布。金矿化主要受推覆-滑脱断裂构造破碎带及麦初箐组(T_3m)石英砂岩、泥质粉砂岩地层岩性控制。成矿与构造运动密切相关,成矿时代为喜马拉雅期。金矿体赋存于层间构造破碎带中,埋深最大已超过 420 m,含金破碎带上下盘地层为下侏罗统漾江组(J_1y)和中侏罗统花开左组(J_2h)的碎屑岩、上三叠统挖鲁八组(T_3wl)碎屑岩和麦初菁组(T_3m)碎屑岩和灰岩。并总结出区内的成矿控矿规律

（见表7-2），为下一步找矿工作指明方向。

表7-2 扎村金矿区成矿控矿规律一览表

特征内容		描述内容	要素分类
成矿地质背景	大地构造及成矿区带位置	位于Ⅱ级构造单元扬子西缘多岛-弧-盆系、Ⅲ级构造单元兰坪—思茅双向弧后-陆内盆地、Ⅳ级构造单元兰坪—思茅中、新生代上叠陆内盆地中段。成矿区带属于三江（造山系）成矿省、兰坪—普洱（地块）Cu-Pb-Zn-Ag-Fe-Hg-Sb-As-Au-石膏-菱铁矿-盐类成矿带（Ⅲ5）、兰坪—普洱（地块）Cu-Pb-Zn-Ag-Fe-Hg-Sb-As-Au-盐类成矿带（Ⅳ11）。	必要
	成矿时代	喜马拉雅期	重要
成矿控制条件	控矿构造	推覆-滑脱断裂构造破碎带	必要
	控矿岩浆岩	矿区南部出露喜山期大莲花山碱性斑岩体，与成矿关系密切，部分金矿体赋存其中。虽区内地表未出露岩浆岩，但深部存在隐伏的斑岩体。	重要
	控矿围岩	构造破碎带下盘为上三叠统挖鲁八组（T_3wl）粉砂岩、页岩夹砂岩和麦初箐组（T_3m）石英砂岩、泥质粉砂岩，上盘为下侏罗统漾江组（J_1y）泥岩、粉砂岩夹砂岩和中侏罗统花开左组（J_2h）泥岩、粉砂岩夹砾岩。围岩与矿体无明显界线，岩性均为含金破碎带内的蚀变碎屑岩及其破碎岩、角砾岩。	重要
	控矿蚀变	黄铁矿化、碳酸盐化、硅化、重晶石化、绢云母化。	重要
	化探异常标志	Sb-Hg-Au-As异常套合较好地段是寻找锑、金矿的有利部位	重要
成矿作用	成矿类型	中-低温混合热液型金矿	重要
	成矿流体类型	岩浆热液+大气降水混合型流体	重要
	成矿温度	中-低温（100～310℃）	重要

续表7-2

特征内容		描述内容	要素分类
矿化特征	矿石类型	石英砂岩、石英杂砂岩及其破碎岩、角砾岩型金矿石；泥质粉砂岩及其破碎岩、角砾岩型金矿石；黏土岩、含粉砂黏土岩及其破碎岩、角砾型金矿石。	次要
	矿石矿物组合	金属矿物有黄铁矿、褐铁矿、锡石、方铅矿、闪锌矿、辉锑矿、白钨矿、自然铅、辰砂、磁铁矿及自然金等；脉石矿物有石英、白云石、方解石、伊利石、绢云母、水云母、重晶石、电气石、白云母、磷灰石、锆石、金红石、独居石等。	次要
	结构、构造	结构主要为砂状结构、泥质鳞片结构、自形-半自形晶粒状结构、交代溶蚀结构、镶嵌结构、包含结构、乳胶状结构等；构造主要为角砾-碎粒-碎斑构造、浸染状、脉状-网脉状、斑点-斑块状构造。	次要

7.3 找矿目标

7.3.1 找矿标志

1.地层标志

区内出露的地层主要为上三叠统麦初箐组(T_3m)，下侏罗统漾江组(J_1y)，中侏罗统花开佐组(J_2h)等。金矿体主要赋存于麦初箐组(T_3m)上部与花开佐组(J_2h)之间的含金破碎带中。因此该层位可作为本区地层找矿标志。

2.构造标志

区内主要构造呈南北或北北东向，金矿体产于层间造破碎带中。与成矿有关的主要构造有：三合洞—上黄山断裂(F_1)近南北走向，向东倾斜，具先张后压多期活动特征，其中普遍具褐铁矿化，局部显示金的重砂异常，为区域性同成矿期断裂，属导矿系统的一部分。含金破碎带(F_2)至少具有 3 条以上断层组成，从断裂面的构造岩石特征看，既具有糜棱岩化、柔皱、流劈理、帚状节理等压性-压扭性构造特征，同时又具有碎裂-角砾岩等杂乱分布的张性构造特征，表明层间构造破碎带为有利的找矿部位。

3. 蚀变标志

黄铁矿化是该区金矿化的主要蚀变之一。黄铁矿化、白云石化、碳酸盐化、硅化、方解石化、重晶石化、绢云母化与金的矿化关系密切，可作为直接的找矿标志。

4. 地球化学标志

Sb-Hg-Au-As 异常套合较好地段是寻找金矿的有利部位。

5. 重砂异常

具有自然金、辰砂、黄铁矿等矿物组合的自然重砂异常区。

7.3.2　找矿方向

1. 深部找矿

据上述区内成矿作用与碱性斑岩的关系和物探、化探、遥感特征分析，可推断出该区存在隐伏斑岩体，且有隐伏断裂作为良好的通道，故确定将深部探矿工作作为本区工作重点。

2. 外围找矿

矿区的南延和北延均具有较好的金成矿地质条件。扎村金矿体赋存于一条近南北向展布的区域成矿构造断裂上，阿皮洒都、茶雷村、五里巷、红花园一带金矿化点均分布在此带的延伸方向，故矿区外围为找矿的另一重要方向。

7.4　成矿预测

7.4.1　成矿远景区划分依据

在圈定成矿远景区时，主要考虑了以下几个方面的因素[118-121]：

(1) 已经获得的对已知矿床成因类型、成矿机制和成矿控制条件的基本认识；

(2) 有利的区域成矿地质背景，包括已知含矿层位、成矿条件、区域构造环境及成矿构造带的展布；

(3) 已知矿床点的分别及对其进一步找矿前景的估价；

（4）局部物化探异常、重砂及遥感解译等特征已进行查证并发现矿化；

（5）找矿标志，包括地层标志、蚀变标志、构造标志等；

（6）相应元素组合的地球化学高背景场区。

在所圈出的预测远景区中，根据成矿地质条件的差别，已知矿床点的数量、规模、资源潜力，矿化信息的丰富程度，地质矿产工作程度等，将其划分为 A、B、C 三类（级）。

A 类：成矿地质条件优越，已圈出工业矿体，地质、物探、化探、遥感成果显示有较好的金属矿床成矿远景，预测尚可发现具中型以上规模的矿床或可扩大相当于中型以上矿床规模的储量。

B 类：成矿地质条件良好，已圈出工业矿体，地质、物探、化探、遥感成果显示有较好的成矿远景，预测具有新增中型以上矿床规模的资源潜力；成矿地质条件虽较优越，具有中型以上矿床，但进一步扩大远景的潜力有限，或因区域工作程度尚低，预测依据不足。

C 类：已发现矿化，具有较好的成矿条件，物探、化探异常值高，面积大，浓集度中心明显，有较好的找矿远景，值得进一步开展地质矿产调查、并存在发现小型以上矿床的前景。

7.4.2　找矿靶区圈定

根据对区内物探、化探、遥感成果资料的全面分析及总结，结合区内成矿地质条件、成矿规律、找矿标志及成矿要素，在扎村金矿区圈出了 6 个找矿靶区（图 7-5），其中 A 类找矿靶区 2 个，B 类找矿靶区 1 个，C 类找矿靶区 3 个。现将各找矿靶区分述如下：

1. Ⅰ靶区：阿皮洒都地段（A 类）

Ⅰ靶区系扎村含金破碎带的北延部位。在对扎村主矿段进行系统普查评价的过程中，对该地段以扩远为目的进行了检查评价工作，证实该地段具有与扎村主矿段相同的含矿岩系和大致类似的构造和蚀变特征，通过 175ZK2 钻孔的揭露，在埋深约 130 m 处发现了表外金矿体；据最新研究发现，在 400 m 处见矿，矿化带厚大于 10 m，矿体厚约 5 m。通过对该地段含金破碎带特征的研究以及矿化岩石和非矿化岩石的宏观、微观研究，并与扎村金矿进行对比（表 7-3），表明矿化岩石具有与扎村主矿段金矿石类似的特征，即破碎带内至少有两期以上次级构造叠加，蚀变矿物则以微细粒浸染状黄铁矿为主，并见有脉状黄铁矿，而非矿化岩石中仅见浸染状产出的微粒黄铁矿。此外，从微量元素的分布特征来看，阿皮洒都地段的近地表部位主要为 Hg、As 原生晕，属本区矿化带的上部远矿晕。从上述特征可看出阿皮洒都地段金矿化较弱，原因是相应的控矿构造及与金矿化密切相关的蚀变矿化在地表及浅深部的消失所致，但其 As、Hg 晕的分布及深部已揭露到表外金矿体，预示着该地段的深部可能成为本区继扎村之后又一个矿化较好的地段。

综上所述，该预测远景区成矿地质条件优越，化探异常好，因此，本预测远景区为 A 类预测远景区，是一个十分有希望取得找矿突破的地段。

表 7-3 阿皮洒都地段和扎村地段含金破碎带特征对比表

区段划分	含金破碎带规模		岩性特征	构造特征	蚀变特征	地球化学晕分布特征	备注
	地表水平宽/m	垂直厚度/m					
阿皮洒都地段	50~100	40~60	破碎带中仅见上部及下部构造蚀变带，中部蚀变带缺失。岩性以黑色黏土岩的破碎岩和角砾岩为主，石英砂岩、粉砂岩的破碎岩及角砾岩次之	破碎带主要具角砾构造，次为碎裂构造，次级构造则以中期和晚期裂隙为主	主要的蚀变矿物组合为：石英-白云石-微粒浸染状黄铁矿，并以出现辰砂为特征。矿物组合以第三期为主，第二期为次，第一期缺失。	主要为 As、Hg 的上部远矿晕	表外矿体的矿石特征与扎村金矿的矿石特征大致类似。从矿物组合看，阿皮洒都中，以出现中—细粒脉状黄铁矿为特征。主要区别：阿皮洒都地段未见到早期聚形晶粗粒黄铁矿
扎村地段	100~200	20~90	破碎带中三个构造蚀变带均连续产出	破碎带中三个期次的次级构造叠加产出	矿物组合中，三个期次的蚀变矿物叠加产出，主要为黄铁矿-石英-白云石-自然金。并以聚形晶黄铁矿出现为主要特征。	Au、As、Sb、Hg、W、Pb、Co 原生晕均有分布，并以 Au、Cr、Pb、Co 的矿体晕为主	

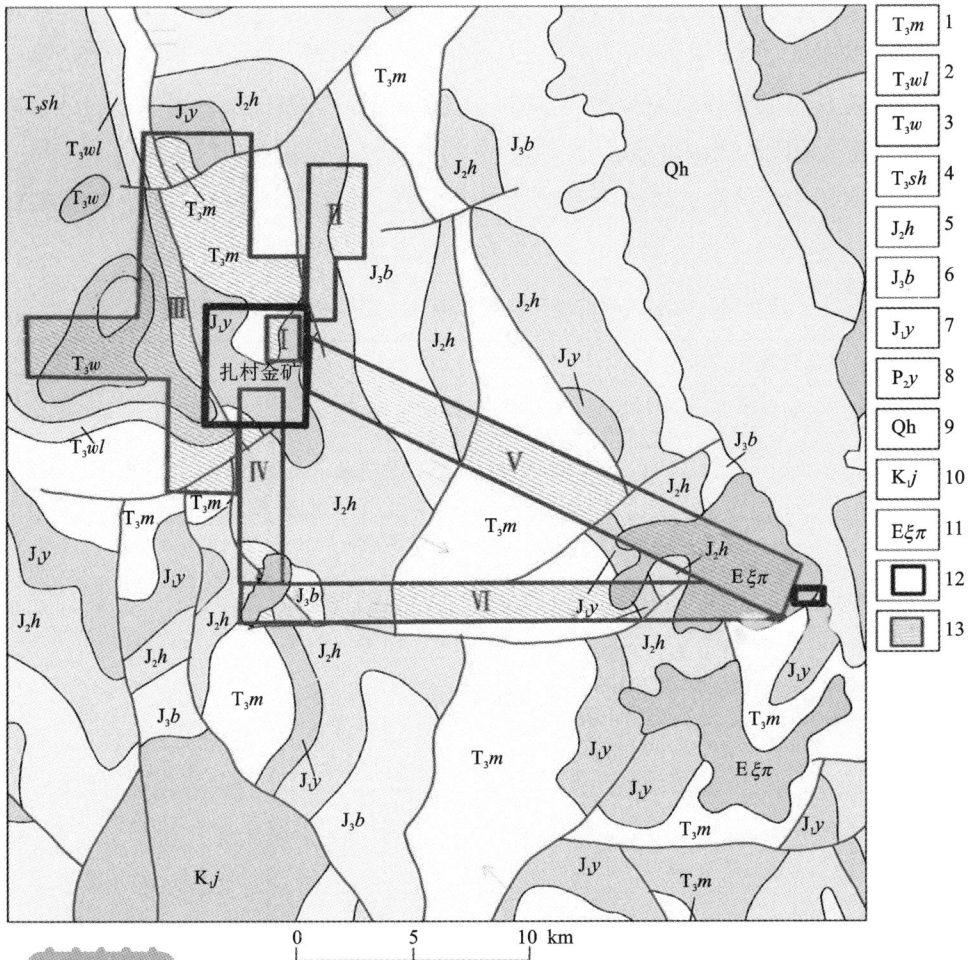

图 7-5　成矿预测靶区图

1—麦初箐组；2—挖鲁八组；3—歪古村组；4—三合洞组；5—花开左组；6—坝注路组；7—漾江组；8—羊八寨组；9—全新统；10—景星组；11—碱性斑岩体；12—金矿床范围；13—预测靶区

扫一扫，看彩图

2. Ⅱ靶区：茶雷村—五里巷一带（A 类）

Ⅱ靶区系扎村含金破碎带的北延部位。具有与扎村矿区相同的含矿岩系和大致相同的构造、蚀变特征；茶雷村含金破碎带 Ps 的构造特征与扎村含金破碎带也极其相似，现将该靶区的成矿有利条件简述如下。

（1）有利的含矿层位：区内出露地层主要有上三叠统麦初箐组（T_3m）、下侏罗统漾江组(J_1y)和中侏罗统花开佐组(J_2h)，地层的分布主要受测区中部呈近南北向产出的构造破碎带控制。

（2）有利的构造：测区构造格局与扎村矿区相似，以断块为主，褶皱构造弱发育。断裂主要发育近南北向、北西向、北东向三组，其中近南北向—北东向组断裂为区内主干断裂，也是区内发生时间较早而结束时间最晚的一组断裂，具明显的复活继承活动特征，为逆断层。

（3）有利的围岩蚀变：常见的有硅化、黄铁矿化、褐铁矿化、重晶石化、碳酸盐化，特点是蚀变矿化强度差异大，蚀变矿物的分布严格受构造控制，由于构造强度的差异，导致蚀变矿物分布不均匀。黄铁矿化、硅化与金矿化关系最为密切。

（4）含金破碎带 Ps 特征：测区所处的含金破碎带 Ps 位于扎村至紫金山推覆-滑脱断裂 F_{24} 中段，区内控制含金破碎带长度为 4.5 km，宽 15～30 m 不等；其含金破碎带 Ps 的构造特征与扎村含金破碎带极其相似，该破碎带早期显压扭性特征，沿断面发生糜棱岩化、片理化，并同时伴生一些柔皱构造。

一个值得注意的问题是，扎金金矿—五里巷—茶雷村为同一控矿构造破碎带，扎村金矿倾向以东为主，倾角为 30°～45°；五里巷—茶雷村倾向北西，倾角为 15°～58°，倾角由浅部向深部具变陡趋势，倾向变化的原因及其深部变化趋势和与金矿化的关系有待于进一步查明。

（5）重砂异常特征：有重砂异常在该地段展布，如表 7-4 所示。

（6）已圈出四个工业矿体：矿区五里巷矿段控矿破碎带最低见矿工程 ZK13601 标高为 2042 m，最高地表工程 TC6002 中心点见矿标高为 2404 m，见矿高差达 402 m。矿带金矿化强度较大，倾向上金矿体有一定延伸。从矿化带和金矿体厚度看，88 勘探线以南较厚大，金矿体厚 7.55～18.51 m；以北矿体较薄，金矿体厚 1.13～5.87 m，如图 7-6 所示（扫描右侧二维码），反映金矿体可能主要与硅化关系密切。沿 F_{24} 构造破碎带工程控制圈定 Ⅰ-1、Ⅰ-2 和 Ⅱ-1、Ⅱ-2 四条金矿体，其中 Ⅰ-2 矿体为本次工作新发现的工业矿体，为矿区主要金矿体。测区见矿工程主要矿体特征见表 7-5。

表7-4　扎村—五里巷黄金自然重砂异常统计表

异常名称	规模			异常级别	金异常点数	自然金含量/粒
	长/m	宽/m	面积/m²			
扎村异常	750	150~300	0.18	Ⅲ	6	1~14
上黄山异常	2400	170~490	0.79	Ⅲ	22	1~49粒,其中大于5粒的有11点,最高378粒
茶雷树异常	1100	150~500	0.45	Ⅲ	7	1~38粒,其中大于5粒的有5点
五里巷异常	2500	300~800	1.75	Ⅲ	30	1~20粒,多数点为1~5粒

表7-5　测区见矿工程主要矿体特征表

矿段	工程号	矿体号	产状	真厚/m	铅垂厚/m
五里巷	WTC6	Ⅰ-1	270°∠19°	1.98	2.08
	WTC1		270°∠15°	1.80	1.86
	WTC2		260°∠40°	5.87	7.65
	ZK12001		270°∠19°	1.13	1.30
	ZK12402		270°∠16°	3.60	4.00
	ZK12403		270°∠37°	1.85	2.31
	ZK13601		270°∠23°	1.09	1.20
	平均			2.47	2.91
	TC10401	Ⅰ-2	290°∠55°	4.41	7.68
	TC9601		288°∠34°	4.62	5.59
	WTC9		257°∠36°	5.18	6.39
	TC8801		270°∠30°	10.42	29.98
	TC6801		268°∠35°	7.55	9.26
	TC6002		268°∠35°	12.07	14.72
	平均			7.38	12.27

续表7-5

矿段	工程号	矿体号	产状	真厚/m	铅垂厚/m
茶雷村	ZK0002	Ⅱ-1	270°∠35°	1.64	2.00
	ZK0702		270°∠53°	1.54	2.56
	TC4		312°∠45°	0.82	1.16
	TC6		300°∠47°	0.99	1.45
	TC7		280°∠58°	6.04	11.41
	TC264		280°∠58°	9.62	18.17
	QJ114		270°∠35°	3.93	4.80
	TC3		312°∠45°	1.38	1.96
	TC8		270°∠35°	1.18	1.36
	平均			3.02	4.87
	ZK0001	Ⅱ-2	270°∠35°	0.82	1.00
	ZK0002		270°∠35°	0.82	1.00
	TC6		300°∠47°	2.87	4.21
	3PD1		280°∠58°	0.83	1.57
	平均			1.34	1.94

本测区现已完成预查工作,并开展普查工作,普查工作重点为沿"T/J不整合面+F$_{24}$控矿构造"一带进行追索控制,控制结果金矿体呈似层状-透镜状产出于沿T/J不整合面分布的F$_{24}$构造破碎带中、下部,地表南北断续出露长3.9 km。工程控制沿F$_{24}$构造破碎带圈定了上述四条矿体,圈定的Ⅰ-2矿体南北走向长1400 m,其中工程控制长900 m,倾向西,倾角为34°~55°,控制矿体中心点高差达145 m,倾向上延伸较稳定,矿石类型地表及浅部为氧化矿,为测区主要金矿体,具一定找矿前景。

按"面上展开、重点突破、由已知到未知、由浅入深"的原则进行工作部署,重点查明矿区金矿资源远景和氧化矿规模和质量。面上展开:对矿区圈定的F$_{24}$断裂地表进行系统控制,初步查明其金矿化特征,圈定金矿体;对F$_{39}$的含矿性做初步控制。重点突破:分四个层次进行控制。一是对Ⅰ-2矿体按基本工程间距进行系统控制,探求332金资源量;二是对Ⅰ-1、Ⅰ-2矿体的氧化矿按走向80 m、倾向40 m进行系统控制,初步查明矿区氧化矿的资源量;三是对Ⅰ-2矿体采可选性试验样,初步查明矿区金矿石的选矿性能;四是对Ⅰ-2矿体加强水文地质工程地质研究,初步查明其矿体开采技术条件。由已知到未知:优先控制Ⅰ-1、Ⅰ-2矿体332资源量,查明矿区金矿体特征和氧化矿的分布;其次控制Ⅰ-2矿体333资源量,初步查明矿区金矿资源远景;最后对Ⅰ-2矿体和Ⅱ-1矿体间的地表进行稀疏控制,圈定金矿(化)体。由浅入深:先行施工地表工程对F_{24}控矿和含矿断裂进行系统控制,选择矿化有利地段进行重点控制;其次施工控制倾向上40 m的浅孔控制氧化带,之后施工控制倾向上80 m钻孔控制金矿体;最后矿区金矿达中型以上规模,选择金矿体较厚大地段施工2~3个钻孔控制333金资源量。

综上所述,五里巷—茶雷村测区所处大地构造位置、成矿地质条件、地球化学特征较好,并圈出了工业矿体,因此,本预测区为A类预测远景区,是一个有希望取得找矿突破的地段。

3.Ⅲ靶区:红花园一带(B类)

Ⅲ靶区系扎村金矿外围,其金矿带位于扎村金矿南北两侧,与扎村金矿处于同一条近南北向展布的区域成矿构造断裂上,并具有与扎村金矿相同的赋矿层位;蚀变特征与扎村金矿区相似,并圈出了6条金矿化带、7条构造蚀变带和4条金矿体。现将该靶区的成矿有利条件简述如下:

(1)有利的含矿层位:区内出露地层主要有三叠系上统三合洞组(T_3s)、三叠系上统挖鲁八组(T_3wl)、上三叠统麦初箐组(T_3m)、下侏罗统漾江组(J_1y)和中侏罗统花开佐组(J_2h)。三叠系黑色岩系与上覆侏罗系紫红色碎屑岩系之间为氧化-还原界面,这些界面都是成矿的有利部位。

(2)有利的构造:测区内主干断裂呈近南北向分布,其次发育有北西向、北东东向及东西向断裂。近南北向主干断裂主要有三合洞正断层(F_4),区内金矿化主要分布于该断裂东盘。

(3)地球化学异常特征

①水系沉积物异常

从1:20万区域水系沉积物异常分布特征上反映,在测区火三村至黑龙潭一带分布有Au、As、Hg、Sb异常,其中金异常南北长约12 km,东西宽3~4 km,面积约35 km²,有两个明显的浓集中心区,该异常区所处构造、岩性条件较好,矿化线索丰富,扎村金矿产于该异常的南侧浓集中心区,测区内显示出很好的金矿找矿前景。

②土壤地球化学异常

通过土壤地球化学测量,在测区内圈出了 Au 异常 4 个、As 异常 4 个、Hg 异常 4 个,Sb 异常 3 个,同时圈定出综合异常 4 处。4 个 Au 异常均呈近南北向展布,异常特征如表 7-6 所示。

表 7-6　测区内金异常特征表

Au 异常	浓度中心位置	岩性	异常面积/m²	异常最高值/10^{-9}	备注
Au-1 异常	位于含金破碎带上	砂岩、页岩夹少量灰岩	1901.8	14	与 Sb 异常套合较好
Au-2 异常	位于含金破碎带西侧	砂岩、页岩夹少量灰岩	1608.69	16	与 Hg、Sb 异常套合较好
Au-3 异常	位于含金破碎带上	砂岩、页岩夹少量灰岩	1600.66	9.6	
Au-4 异常	位于含金破碎带东侧	砂岩、页岩夹少量灰岩	134606.32	826	与 As、Hg、Sb 异常套合较好

另外,在圈出的综合异常处,发现两条金矿化带,其中一条位于 F_9 与 F_{11} 断层之间,处于扎村金矿带南部。矿化带总体倾向东,由褐黄色、褐红色蚀变破碎砂板岩组成,具硅化、褐铁矿化、泥化、绢云母化等;另一条位于异常东侧的含金破碎带内,处于扎村金矿带北西部。矿化带呈北北东走向,倾向北西西,浅部倾角陡,约 75°,向深部变缓,矿化带长 1200 m,宽 5～20 m。

上述异常结果初步揭示了扎村金矿带南北部都具有较好的找矿前景。

(4)物探异常特征:红花园扎村金矿北部做了测深,共布置了 16 条线,根据每条线的背景值和异常值,可以看出 5、7、11、16 线有明显的矿化带,如图 7-7 所示,由此说明该测区具有一定的工作价值。

(5)已圈出金矿化带和构造蚀变带:通过在测区内开展 1∶1 万地质草测和 1∶2000 地质剖面测量,共圈出 6 条金矿化带、7 条构造蚀变带。含金破碎带蚀变普遍,以泥化(高岭土化)、黄铁矿化为主,次为弱硅化、碳酸盐化和褐铁矿化,局部地段还见有重晶石化。

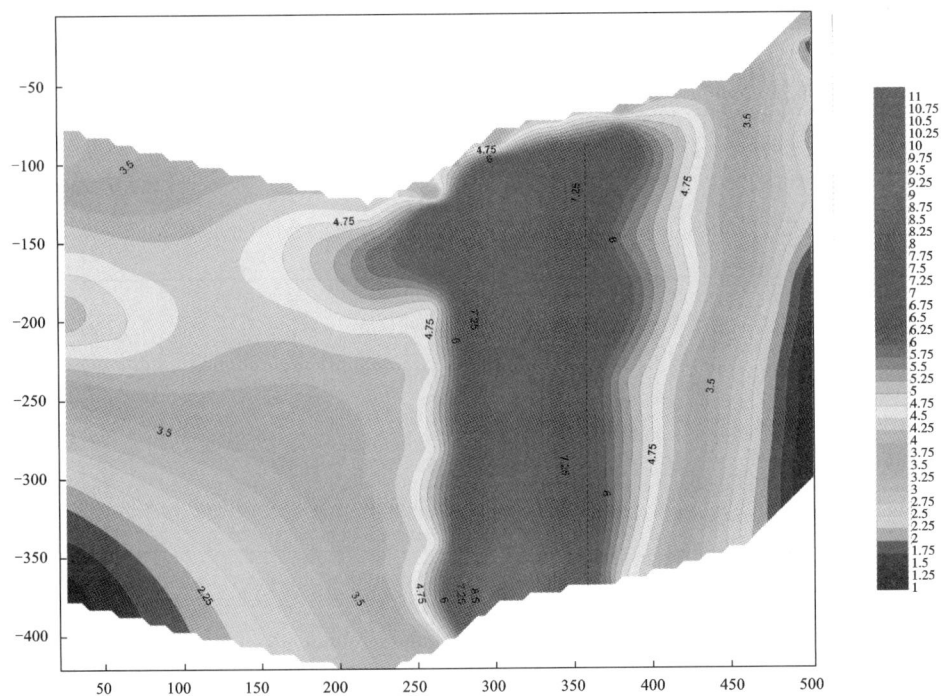

(a)5线测深极化率断面图

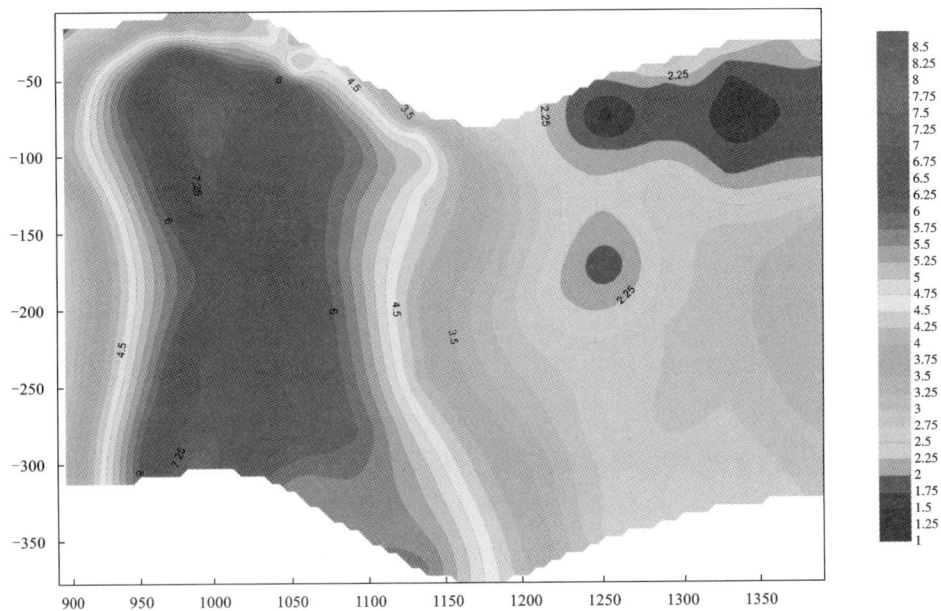

(b)7线测深极化率断面图

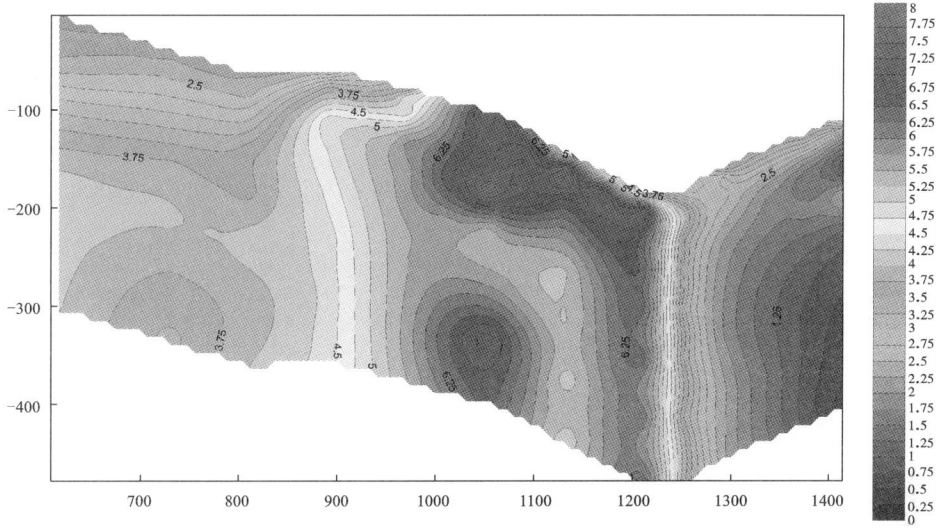

(c)11线测深极化率断面图

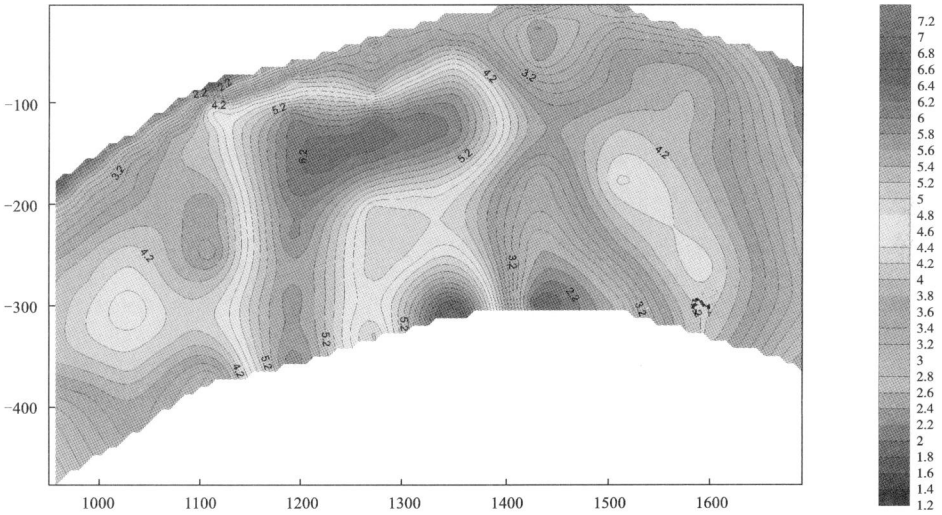

(d)16线测深极化率断面图

图 7-7　红花园扎村金矿北部激电中梯视极化率等直线平面图

(6)已圈出金矿体：在测区内对地表发现的金矿化构造破碎带进行了揭露，在 TC170 探槽发现了较好的金矿化，其地质特征如图 7-8 所示。

图 7-8 红花园金矿化带地质特征

金矿化赋存于三叠系上统挖鲁八组（T_3wl）灰黑、褐黄色页岩、粉砂岩及粉砂质水云母页岩层中，局部含炭质较重。含金破碎构造带宽约 80 m，内夹有灰岩和长石粉砂岩角砾，具定向排列，呈现逆断层特征，岩石片理化、靡棱岩化特征明显，褐铁矿化发育，围岩蚀变较为普遍。该蚀变带内可见黄铁矿化、硅化、碳酸盐化等现象。金矿体赋存于该构造破碎带中，矿体倾向 320°，倾角为 75°~82°。通过刻槽取样分析，以 1 g/t 为边界，圈出了四条金矿体，单矿体厚度为 0.8~3 m，总厚度近 8 m。

本测区系扎村金矿区外围，在前期普查的基础上，开展 1∶2000 地质修测，开展 1∶1 万激电中梯剖面测量及激电测深，初步圈定出金矿体深部赋存部位，结合化探异常情况，在地表破碎带施工系统的槽探工程，追索矿体在走向上的延伸情况，深部施工系统的钻探工程，控制矿体在深部的延深情况，探求控制级的内蕴经济资源量（332）、推测的内蕴经济资源量（333）以及预测的资源量（334），为进一步详查地质工作提供依据。

综上所述，红花园测区成矿地质条件优越、地球化学物探特征较好，并圈出了金矿化带、蚀变构造带和金矿体，虽工作程度偏低，但已初步展示了该地段具有较好的地质找矿前景，因此，根据目前所掌握的资料，该区应为 B 类预测远景区，只要加强地质工作，完全有可能取得找矿突破。

4. Ⅳ靶区：射白足—西鼠街一带(C 类)

射白足系扎村含金破碎带的南延部分。具有与扎村矿区大致相同的含矿岩系和构造、蚀变特征，通过少数化学分析样发现，破碎带内有金矿化显示，金含量一般在 0.13～0.25g/t。由图 7-4 可知，西鼠街有斑岩体出露，发现了碱性斑岩型的铜金矿点，且射白足—西鼠街一带有存在隐伏岩体的可能，并有隐伏断裂作为良好的通道促使成矿，因此，射白足与西鼠街之间是寻找金矿的有利地段。根据目前掌握的资料，暂将其划分为 C 类预测远景区，希望通过进一步工作，在该地段内找到金的矿化富集地段。

5. Ⅴ靶区：扎村金矿—大莲花山金矿一带(C 类)

通过图 7-1 和图 7-4，研究推断该区存在隐伏斑岩体，且有隐伏断裂作为良好的通道。大莲花山附近出露碱性斑岩体，并有与此岩体侵入所形成的大莲花山金矿，因此扎村金矿与莲花山金矿之间是寻找金矿的有利地段。

6. Ⅵ靶区：西鼠街—大莲花山一带(C 类)

通过图 7-1 和图 7-4，推断西鼠街—大莲花山金矿一带存在隐伏斑岩体，并有隐伏断裂作为良好的通道，且大莲花山和西鼠街附近均有碱性斑岩体出露和斑岩型金矿点，故西鼠街与大莲花山之间是寻找金矿的又一有利地带。

值得注意的是，在扎村金矿—西鼠街—大莲花山一带均存在出露的碱性斑岩体和隐伏斑岩体，这些岩体可提供成矿作用的驱动能量，并有隐伏断裂为区内含矿热液作为良好的运矿通道，故在该带内有望通过进一步工作发现新的金矿化富集地段。

第8章　结论

本书围绕对云南巍山县扎村金矿体成矿规律与成矿预测的研究，得出以下结论：

（1）通过对矿床地球化学特征的参数分析表明：①扎村金矿区的成矿物质具有多来源的特征。矿化早期成矿流体可能主要来自岩浆热液；而矿化中期和晚期的成矿流体除具有与早期流体同源的特征外，在其继承性演化过程中混入了一定量的大气降水，致使其硫同位素组成具有由幔源向壳源逐渐演化的特征，由于中期和晚期的初期阶段壳源物质混入有限，因此硫同位素组成仍以幔源为主。②根据氢、氧同位素特征分析，表明矿区成矿热液既有大气降水成因，也有原生岩浆水。再结合围岩蚀变情况，说明早期白云石化—硅化阶段主要为岩浆水。因此，矿区的成矿热液为以岩浆水和大气降水为主的混合水。③矿区内成矿物质具有多来源的特点，从矿床中与金矿化密切相关的黄铁矿的硫同位素组成以及石英包裹体中的氢、氧同位素组成，表明矿质具幔源和壳源的混合来源特征，证明本区矿质来源与喜马拉雅期岩浆（斑岩）活动有直接关系。

（2）通过对区内成矿作用与碱性斑岩的关系分析研究表明：①岩浆热液成因的矿石铅往往表现为正常铅的性质，而且同位素组成的变化也不大，一般 $w(Pb^{206})/w(Pb^{204}) < 19.5$，$w(Pb^{207})/w(Pb^{204}) < 16$，$w(Pb^{208})/w(Pb^{204}) < 39$。扎村金矿体内黄铁矿的铅同位素组成中，$w(Pb^{206})/w(Pb^{204})$、$w(Pb^{207})/w(Pb^{204})$、$w(Pb^{208})/w(Pb^{204})$ 的比值变化均较小，分别为 18.412 ~ 18.4199、15.5984 ~

15.6365、38.6183~38.7613，均在上述岩浆热液成因的矿石铅同位素变化范围内，亦表明了扎村金矿区成矿流体与岩浆活动形成的热液有关；扎村金矿铅同位素变化范围与典型富碱岩型的北衙金矿及马厂箐金矿铅同位素变化范围相近，说明扎村金矿区内成矿作用与富碱性斑岩有直接关系。②大莲花山石英二长斑岩岩浆活动对本区成矿有直接关系，既是重要的矿源和流体来源，又是驱动成矿流体循环的主要热源。

（3）通过对区域成矿地质背景、区内成矿作用与碱性斑岩的关系分析及各成矿要素特点的研究，认为扎村金矿区属热液（水）成矿系统类，并构建了扎村金矿区成矿系统模型。

（4）对扎村金矿床与卡林型金矿床成因做出了详细的分析对比，列出了其相似和不同之处，而后通过对扎村金矿成矿条件、金矿化过程及矿床成因机制的分析表明，扎村金矿具有多种物质来源和多阶段、多成因的特点，在整个成矿过程中矿化热液活动具有继承性同源、同流体系的单源演化特征，含金破碎带内各构造演化阶段的特征虽然各异，但与之对应的各矿化阶段形成的矿物与元素组合仍具有相似特征，即均以自然金+黄铁矿+白云石+石英为最主要、最基本的组合形式。因此，认为本区矿床成因类型为岩浆热液型中—低温型金矿床，并非卡林型金矿床。

（5）通过 1∶25 万磁异常和遥感解译分析表明，该区存在隐伏斑岩体，且存在隐伏构造作为良好的通道，为该区寻找金成矿有利地段提供了新的思路和方向。

（6）根据本书对扎村金矿区的综合分析，区内的成矿规律为：矿区由上三叠统三合洞组（T_3s）灰岩至中侏罗统花开佐组（J_2h）红层等组成，为一近南北向展布的向东倾斜的单斜构造。主干断裂构造则平行于复式背斜轴向呈北北西向或近南北向分布。金矿化主要受推覆-滑脱断裂构造破碎带及麦初箐组（T_3m）石英砂岩、泥质粉砂岩地层岩性控制。成矿与构造运动密切相关，成矿时代为喜马拉雅期。金矿体赋存于层间构造破碎带中，埋深最大已超过 420 m，含金破碎带上下盘地层为下侏罗统漾江组（J_1y）和中侏罗统花开左组（J_2h）的碎屑岩、上三叠统挖鲁八组（T_3wl）碎屑岩和麦初箐组（T_3m）碎屑岩和灰岩。并总结出区内的成矿控矿规律，为下一步找矿工作指明方向。

（7）通过对扎村金矿区地质特征、成矿系统、矿床成因、成矿规律、找矿标志、物化遥特征等综合信息的研究，在扎村金矿区圈出 6 个找矿靶区，其中 A 类找矿靶区 2 个，B 类找矿靶区 1 个，C 类找矿靶区 3 个。笔者认为红花园和扎村金矿—西鼠街—大莲花山一带是寻找金矿的有利地段。值得注意的是，在扎村金矿—大莲花山—西鼠街一带均存在出露的碱性斑岩体和隐伏斑岩体，这些岩体可提供成矿作用的驱动能量，并有隐伏断裂为区内含矿热液作为良好的运矿通道。故在该带内有望通过进一步工作发现新的金矿化富集地段。

参考文献

[1]田文兵.浅议矿产资源评价研究意义及发展趋势[J].内蒙古科技与经济，2008，158（4）：60-62.

[2]陈伟军，刘红涛.对我国矿产资源可持续发展的几点思考[J].矿产综合利用，2008，2：45-49.

[3]毛丽洪.镇安卡林型金矿矿床类型及找矿方向探[D].西安：长安大学，2009.

[4]翟裕生.成矿系统研究与找矿[J].地质调查与研究，2003，26(2)：65-71.

[5]程裕淇，陈毓川，赵一鸣，等.初论矿床的成矿系列问题[J].中国地质科学院院报，1979，1：33-58.

[6]翟裕生，姚书振，林新多，等.长江中下游铁铜矿床成因类型及成矿系列探讨[J].地质与勘探，1980，16(3)：9-13.

[7]李人澍.成矿系统分析的理论与实践[M].北京：地质出版社，1996，19-20.

[8]於崇文.成矿作用动力学——理论体系和方法论[J].地学前缘，1994，1(3)：54-82.

[9]Deng J, Wang Q F, Yang L Q, Wang J P, et al. The geological settings to the gold metallogeny in northwestern Jiaodong Peninsula, Shandong Province, Earth Science Frontiers[J]. 2004, 11 (4): 527-533.

[10]Maloof T L, Baker T, Thompson J F. The Dublin gulch intrusion-hosted gold deposit, Tombstone plutonic suite, Yukon Territory, Canada Mineralium Deposita[J]. 2001, 36 (6): 583-593.

[11] Jasques A L. The role of GIS, empirical modeling and expert system in metallogenic research [J]. GSA Abstract, 1994(3): 196–197.

[12] 於崇文, 岑况, 鲍征宇, 等. 成矿作用动力学[M]. 北京: 地质出版社, 1998, 1–23.

[13] 翟裕生. 成矿系统的结构框架和基本类型[C]. 中国可持续发展的资源环境科学学术讨论会论文集. 北京: 科学出版社, 1998: 187–190.

[14] 翟裕生. 论成矿系统[J]. 地学前缘, 1999, 6(1): 13–28.

[15] 翟裕生, 邓军, 彭润民, 等. 成矿系统论[M]. 北京: 地质出版社, 2010, 51–73.

[16] 冯景兰. 关于成矿控制及成矿规律的几个重要问题的初步探讨[C]. 见: 谢家荣主编. 矿床分类与成矿作用(论文集). 北京: 科学出版社, 1963: 36–57.

[17] Guilbert J M, Park C F Jr. The Geology of Ore Deposits[M]. New York: Freeman Company, 1986, 67–88.

[18] 翟裕生, 彭润民, 向运川, 等. 区域成矿研究法[M]. 北京: 中国大地出版社, 2004, 27–29.

[19] Maclntyre D G. Sedex-sedimentary-exhalative deposit, ore deposits, tectonics and metallogeny in the Canadian Cordillera [J]. Ministry of Energy, Mines and Petroleum Resources, 1995 (2): 5–20.

[20] 翟裕生, 王建平, 邓军, 等. 成矿系统时空演化及其找矿意[J]. 现代地质, 2008, 22(2): 143–150.

[21] 朱裕生, 李纯杰. 成矿地质背景分析[M]. 北京: 地质出版社, 1997, 1–143.

[22] 胡惠民. 大比例尺成矿预测方法[M]. 北京: 地质出版社, 1995, 1–175.

[23] 朱裕生, 金丕兴, 方一平, 等. 金银矿预测[M]. 北京: 地质出版社, 1997, 1–106.

[24] 刘石年. 成矿预测学[M]. 长沙: 中南工业大学出版社, 1993, 1–210.

[25] 朱裕生, 肖克炎, 丁鹏飞, 等. 成矿预测方法[M]. 北京: 地质出版社, 1997, 15–69.

[26] 赵鹏大. 矿产勘查理论与方法[M]. 武汉: 中国地质大学出版社, 2001, 1–113.

[27] 赵鹏大, 王景贵, 饶明辉, 等. 中国地质异常[J]. 地球科学: 中国地质大学学报, 1995, 20 (2): 117–127.

[28] 赵鹏大, 孟宪国. 地质异常与矿产预测[J]. 地球科学: 中国地质大学学报, 1993, 18(1): 39–47.

[29] 赵鹏大, 池顺都. 初论地质异常[J]. 地球科学: 中国地质大学学报, 1991, 16 (3): 241–238.

[30] 赵鹏大, 池顺都. 当今矿产勘探问题的思考[J]. 地球科学: 中国地质大学学报, 1998, 23 (1): 111–114.

[31] 赵鹏大. 地质异常与成矿预测[M]. 北京: 地震出版社, 1999, 283–292.

[32] 朱裕生. 矿产资源潜力评价在我国的发展[J]. 中国地质, 1999, 11: 31–34.

[33] 程裕琦，陈毓川，赵一鸣.初论矿床地成矿系列问题[J].中国地质科学院报，1979，1(1)：32-58.

[34] 程裕琦，陈毓川，赵一鸣，等.再论矿床地成矿系列问题—兼论中生代某些矿床地成矿系列[J].地质论评，1983，29(2)：127-139.

[35] 陈毓川，朱裕生.中国矿床成矿模式[M].北京：地质出版社，1993，1-33.

[36] 陈毓川.矿床的成矿系列[J].地学前缘，1994，1(3)：90-94.

[37] Dennis，Cox，Donal A. Mineral Deposit Models[J]. Geological Survey Bulletin，1987(3)：1693-1699.

[38] 张贻侠.矿床模型导论[M].北京：地震出版社，1993，1-227.

[39] 朱裕生，梅燕雄.成矿模式研究的几个问题[J].地球学报，1995，2：182-189.

[40] 王世称，王於天.综合信息解译原理与矿产预测图编制方法[M].长春：吉林大学出版社，1989，35-38.

[41] 赵震宇，王世称，许亚明，等.综合信息矿产预测理论在危机矿山资源预测中的应用思考[J].世界地质，2000，21(3)：283-286.

[42] 叶育鑫，杨永强，王十，等.危机矿山的综合信息矿产预测系统[J].资源与产业，2006，6(8)：56-57.

[43] 李堃.个旧西区锡金属矿床综合信息成矿预测[D].武汉：中国地质大学，2007.

[44] 邵拥军，贺辉，张贻舟，等.基于BP神经网络的湘西金矿成矿预测[J].中南大学学报，2007，38(6)：1192-1198.

[45] 邢学文，胡光道.模糊逻辑法在秦岭—松潘成矿区金矿潜力预测中的应用[J].吉林大学学报，2006，36(2)：298-303.

[46] Luo X，Dimitrakopoulos R. Data-driven fuzzy analysis in quantitative mineral resource assessment[J]. Computers & Geosciences，2003，29(3)：3-13.

[47] Watkins J. Science and skepticism[M]. Princeton：Princeton University Press，1984：1-387.

[48] 侯翠霞，刘向冲，张文斌，等.成矿预测理论与方法新进[J].地质通报，2010，29(6)：954-958.

[49] 刘晓玮.马关都龙曼家寨锡锌矿床外围成矿预测[D].云南：昆明理工大学，2008.

[50] 王明志，李闫华，鄢云飞，等.若干成矿预测理论研究综[J].资源环境与工程，2007，21(4)：364-368.

[51] 王安建，侯增谦，李晓波，等.成矿理论与勘查技术方法现状与发展趋势[J].中国地质，2000，1：30-33.

[52] 杨中宝，彭省临，李朝艳.信息科学与矿产预测[J].地球科学与环境学报，2005，17(2)：39-42.

[53] 范永香，阳正熙.成矿规律与成矿预测[M].中国矿业大学出版社，2005，52-56.

[54] 董方浏. 云南巍山—永平矿化集中区铜金多金属矿床成矿条件及成矿潜力分析[D]. 北京：中国地质大学，2002.

[55] 葛良胜. 滇西北富碱岩浆活动与金多金属成矿系统[D]. 北京：中国地质大学，2007.

[56] 薛顺荣. 云南三江地区西北部优势矿产资源潜力评价研[D]. 北京：中国地质科学院，2008.

[57] 高振敏，李红阳. 滇黔地区主要类型金矿的成矿与找矿[M]. 北京：地质出版社，2002，15-175.

[58] 葛良胜，杨嘉禾，郭晓东，等. 滇西北地区与碱性(杂)岩体(脉)有关的金矿区域成矿条件及成矿预测[R]. 河北廊坊：武警黄金地质研究所，1999.

[59] 云南地质矿产局. 云南省区域地质志[M]. 北京：地质出版社，1990，132-136.

[60] 葛良胜，郭晓东，邹依林，等. 滇西北地区富碱岩体(脉)地质学及岩石化学特征[J]. 矿产与地质，2002，16(3)：147-153.

[61] 云南省地质矿产局第三大队. 云南省巍山县扎村金矿普查地质报告[R]. 1990：8-78.

[62] 杨嘉文，余莉雯，李有本，等. 云南扎村金矿地质特征与成矿作用的初步研究[J]. 青藏高原地质文集，1991，(21)：98-122.

[63] 杨嘉文，李有本，余莉雯. 云南扎村金矿床地质特征[J]. 云南地质，1991，10(1)：71-102.

[64] 赵志瑜，刘宏伦. 巍山扎村金矿黄铁矿标形特征与含金性研究[J]. 云南地质，2008，27(3)：320-324.

[65] 云南黄金矿业集团股份有限公司. 云南省巍山县扎村金矿资源储量核实报告[R]. 2011：30-34.

[66] 云南省地质矿产局. 1：5万大仓幅、蛇街幅区域地质调查报告(矿产部分)[R]. 1987：22-28.

[67] 蒋少勇，杨涛，李亮，等. 大西洋洋中脊 TAG 热液区硫化物铅和硫同位素研究[J]. 岩石学报，2006，22(10)：2597-2602.

[68] 汪明启，高玉岩. 利用铅同位素研究金属矿床地气物质来源：甘肃蛟龙掌铅锌矿床研究实例[J]. 地球化学，2007，36(4)：391-399.

[69] 王莉娟，王京彬，王玉往，等. 新疆北部准噶尔—东天山地区金矿床的硫铅碳同位素地球化学及金成矿作用的指示[J]. 岩石学报，2006，22(5)：1437-1447.

[70] 沈能平，彭建堂，袁顺达，等. 湖北徐家山锑矿床铅同位素组成与成矿物质来源探讨[J]. 矿物学报，2008，28(2)：169-176.

[71] 崔学军，李中兰，朱炳泉，等. 铅同位素在矿产资源评价中的应用——以甘肃省鹰嘴山金矿区为例[J]. 矿床地质，2005，27(1)：89-100.

[72] Zhang S B, Heng Y F, Zhao Z F, et al. Neoproterozoic anatexis of Archean lithosphere:

Geochemical evidence from felsic to mafic intrusions at Xiaofeng in the Yangtze Gorge, South China[J]. Precambrian Research, 2008, 163: 210-238.

[73] Shu Krani Manya, Makenya A H Maboko. Geochemistry and geochronology of Neoarchaean volcanic rocks of the Iramba-Sekenke greenstone belt, central Tanzania [J]. Precambrian Research, 2008, 163: 265-278.

[74] Dai B Z, Jiang S Y, Jiang Y H , et al. Geochronology, geochemistry and Hf-Sr-Nd isotopic compositions of Huziyan mafic xenoliths, southern Hunan Province, South China: Petrogenesis and implications for lower crust evolution[J]. LITHOS, 2008, 102: 65-87.

[75] Yang W, Li S G. Geochronology and geochemistry of the Mesozoic volcanic rocks Western Liaoning: Implications for lithospheric thinning of the North China Craton[J]. LITHOS, 2008, 102: 88-117.

[76] Shu rani Manya, Makenya A H Maboko, et al. Geochemistry and Nd-isotopic composition of potassic magmatism in the Neoarchaean Musoma-Mara Greenstone Belt, northern Tanzania [J]. Precambrian Research, 2007, 159: 231-240.

[77] Ying J F, Zhang H F, Sun M, et al. Petrology and geochemistry of Zijinshan alkaline intrusive complex in Shanxi Province, western North China Craton: Implication for magma mixing of different sources in an extensional regime[J]. LITHOS, 98, 45-66.

[78] Zhu B Q, Hu Y G, Zhang Z W, et al. Geochemistry and geochronology of native copper mineralization related to the Emeishan flood basanlts, Yunnan Province, China[J]. Ore geology reviews, 2007, 32: 366-380.

[79] Zhang W G, Yu L Z, Lu M, et al. Magnetic properties and geochemistry of the Xiashu Loess in the present subtropical area of China, and their implications for pedogenic intensity[J]. Earth and Planetary Letters, 2007, 260: 86-97.

[80] M E Wieser, J R De Laeter, M D Varner. Isotope fractionation studies of molybdenum[J]. International Journal of Mass Spectrometry, 2007, 265: 40-48.

[81] Liang H Y, Xia P, Wang X Z, et al. Geology and geochemistry of the adjacent Changkeng gold and Fuwang silver deposits, Guangdong Province, South China[J]. Ore geology reviews, 2007, 31: 304-318.

[82] K Druppel, S Littmann, R L Romer, et al. Petrology and isotope geochemistry of the Mesoproterozoic anorthosite and related rocks of the Kunene Intrusive Complex, NW Namibia [J]. Precambrian Research, 2007, 156: 1-31.

[83] G A M de Leeuw, D R Hilton, T P Fischer, et al. The He-CO_2 isotope and relative abundance characteristics of geothermal fluids in E1 Salvador and Honduras: New constraints on volatile mass balance of the Central American Volcanic Are[J]. Earth and Planetary Science Letters,

2007, 258：132-146.

[84] Evandro L Klein, Chris Harris, André Giret, et al. The Cipoeiro gold deposit, Gurupi Belt, Brazil：Geology, chlorite geochemistry, and stable isotope study[J]. Journal of South American Earth Sciences, 2007, 23：242-255.

[85] 崔学军, 李中兰, 朱炳泉, 等.北祁连西段寒山金矿床铅同位素等时线年龄及意义[J].地质科技情报, 2008, 27(3)：47-72.

[86] 梁华英, 喻亨祥, 曾提, 等.富湾超大型银矿床 Ar-Ar 年龄/铅同位素特征及形成条件分析[J].吉林大学学报(地球科学版), 2006, 36(5)：767-773.

[87] 丰成友, 丰耀东, 张德全, 等.闽中梅仙式铅锌银矿床矿质来源德硫、铅同位素示踪及成矿时代[J].地质学报, 2007, 81(7)：906-916.

[88] Zheng J P, Sun M, Griffin W L, et al. Age and geochemistry of contrasting peridotite types in the Dabie UHP belt, eastern China：Petrogenetic and geodynamic implications[J]. Chemical Geology, 2008, 247：282-304.

[89] Ye H M, Li X H, Li Z X, et al. Age and origin of high Ba-Sr appinite-granites at the northwestern margin of the Tibet plateau：Implications for early Paleozoic tectonic evolution of the western Kunlun orogenic belt[J]. Gondwana Research, 2008, 13：126-138.

[90] Wan Y S, Liu D Y, Xu M H, et al. SHRIMP U-Pb Zircon geochronology and geochemistry of metavoleanic and metasedimentary rocks in Northwestern Fujian, Cathaysia block, China：Tectonic implications and the need to redefine lithostratigraphic units[J]. Gondawana Research, 2007, 12：166-183.

[91] 卢焕章, 李秉伦, 等.包裹体地球化学[M].北京：地质出版社, 1990, 1-246.

[92] A DolgoPolova, R Seltmann, C Stanley. Isotope systematics of ore-bearing granites and host rocks of the Orlovka-SPokoinoe mining district, eastem Transbaikalia, Russia[J]. Proceedings of the Eighth biennial SGA meeting, Beijing, 2005：747-750.

[93] 邓军, 杨立强, 葛良胜, 等.滇西富碱斑岩型金成矿系统特征与变化保存[J].岩石学报, 2010, 26(6)：1633-1641.

[94] 葛良胜, 郭晓东, 邹依林, 等.滇西北地区(近)东西向隐伏构造带的存在及证据[J].云南地质, 1999, 18(2)：155-167.

[95] 葛良胜, 郭晓东, 邹依林, 等.滇西北(近)东西向隐伏构造及其对岩浆和金成矿的控制作用[C].中国地质学会.“九五”全国地质科技重大成果论文集.北京：地质出版社, 2000：68-72.

[96] 葛良胜, 邹依林, 刑俊兵, 等.滇西北与喜马拉雅期富碱斑岩有关的金矿成矿系统[J].黄金地质, 2004, 10(1)：39-47.

[97] 董方沏, 莫宣学, 侯增谦, 等.云南兰坪盆地喜马拉雅期碱性岩 40Ar/39Ar 年龄及地质意

义[J].岩石矿物学杂志,2005,24(2):103-108.

[98]王建平,翟裕生.金成矿系统分析与找矿方法选择—以山东莱州市北部隐伏区找金为例[J].地球科学—中国地质大学学报,2000,25(4):384-388.

[99]周余国.滇东南卡林型金矿地质地球化学与成矿模式[D].长沙:中南大学,2009,4:79-88.

[100]李景春,赵爱林,金成洙,等.北山地区金窝子金矿床成矿系统分析[J].西北地质,2003,36(3):58-61.

[101]张学书,秦德先,念红.应用成矿系统的概念浅谈滇东南地区微细粒浸染型(卡林型)金矿找矿[J].黄金地质,2005,26(9):25-29.

[102]丁德生,杨成伟.浅谈兰坪—思茅成矿带卡林型金矿的找矿[J].有色金属设计,2008,35(3):7-10.

[103]姚凤良,孙丰月.矿床学教程[M].北京:地质出版社,1982,119-125.

[104]张复新,肖丽,齐亚林.卡林型—类卡林型金矿床勘查与研究回顾及展望[J].中国地质,2004,31(4):406-412.

[105]涂光炽.低温地球化学[M].北京:科技出版社,1998,6-75.

[106]Christopher H G, Diane W. Transport of gold by H_2S rich oil field water, and the origin of Carlin type deposits[J]. Chinese Science Bulletin, 1999, 44 Supplement 2:161-162.

[107]Shi J X, Wang H Y. Fluid inclusion evidence for the involvement of organic matter in mineralization of Hg, Sb and Au deposits [J]. Chinese Science Bulletin, 1999, 44, Supplement 2:197-199.

[108]夏勇,张瑜,苏文超,等.黔西南水银洞层控超大型卡林型金矿床成矿模式及成矿预测研究[J].地质学报,2009,83(10):1474-1482.

[109]Pan J Y, Zhang Q , Shao S X. Tracer system on halogen mineralizer from the epithermal deposits in Guizhou Province. [J]. Chinese Science Bulletin, 1999, 44 Supplement 2:159-161.

[110]贾大成,胡瑞忠.滇黔桂地区卡林型金矿床成因探讨[J].矿床地质,2001,20(4):378-384.

[111]Lu J J, Zhai J P, Chen X M et al. A sulfur isotope study of fine disseminated gold deposits in the Yunnan - Guizhou - Guangxi triangle area. [J]. Chinese Science Bulletin, 1999, 44, Supplement 2:180-182.

[112]Phillips G N, Groves D L, Neal F B, et al. Anomalous sulfur iso-tope composition in the Golden Mile, Kalgoorlie[J]. Econ Geo. 1986, 1(81):2008-2009.

[113]息朝庄.青海同仁双朋西矿区地质地球化学特征及成矿预测研究[D].长沙:中南大学,2009.

[114]武俊德.个旧锡矿高松矿田成矿预测[D].昆明：昆明理工大学，2003.

[115]韩润生，陈进，高德荣，等，构造地球化学在隐伏矿定位预测中的应用[J].地质与勘探，2003，39(6)：25-28.

[116]云南省地质调查局.云南省矿产资源潜力评价[R].2011，2386-2405.

[117]李建伟，蓝东良，杨心宜，等.云南省金矿成矿规律及资源潜力[M].北京：地质出版社，2016，57-62.

[118]杨广全.云南德钦羊拉铜矿地质特征、成因和成矿预测[D].北京：中国地质大学，2009.

[119]云南省地质矿产局.云南省区域矿产总结(下册)[R].1993：83-84.

[120]叶天竺.固体矿产预测评价方法技术[J].北京：中国地质大学出版社，2004：1-171.

[121]陈毓川，李兆鼐，毋瑞生，等.中国金矿床及其成矿规律[M].北京：地质出版社，2001，398-402.

附　图

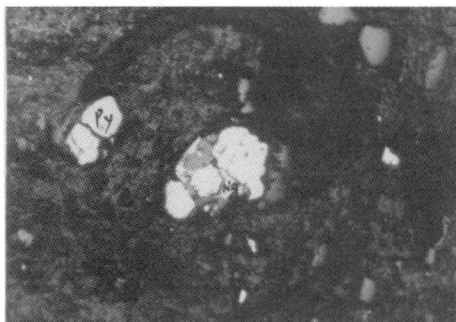

1. 自然金（Ng）呈不规则状、片状嵌布于碎裂黄铁矿（Py）间（反光 80×）

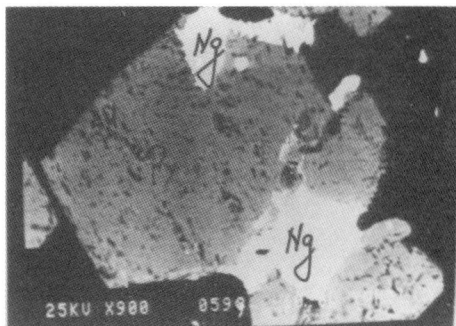

2. 自然金（Ng）被包裹在黄铁矿（Py）晶体内，或沿黄铁矿生长环带平行产出（电镜 25ku，900×）

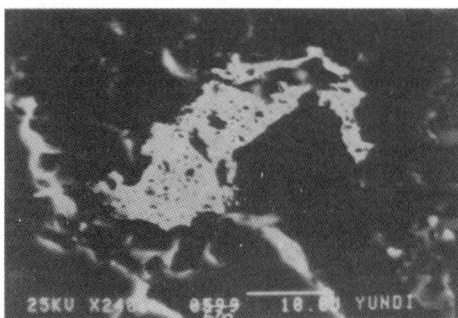

3. 自然金中包裹有黝铜矿（电镜 25ku，2400×）

4. 自然金（Ng）呈不规则状，嵌布于碎裂黄铁矿（Py）的裂隙间（电镜 25ku，1000×）

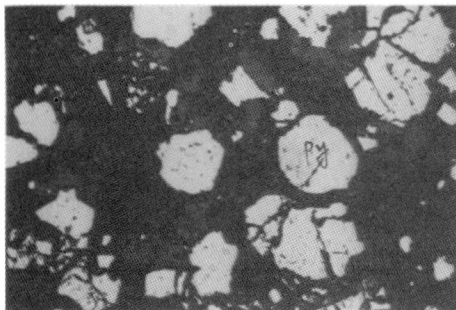

5. 早期黄铁矿（Py），因后期构造应力作用，形成碎裂或碎粒结构（反光 80×）

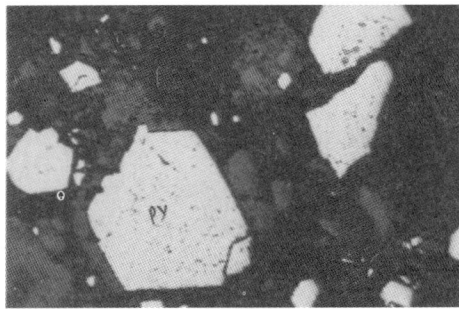

6. 黄铁矿（Py），因后期构造应力作用，形成的破碎构造（反光 80×）

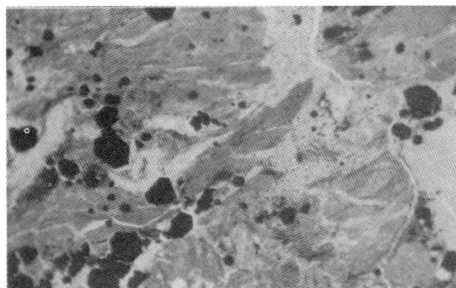

7. 早期黄铁矿虽受动力破碎，但仍部分保存自形或半自形晶体，呈浸染状分布（正交 33×）

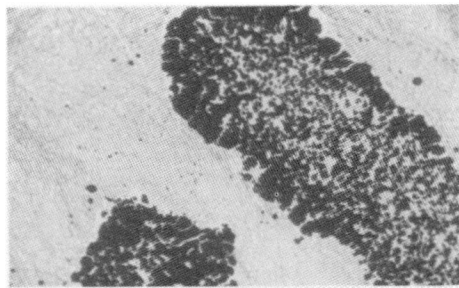

8. 中期黄铁矿呈它形微粒状，聚合呈斑点、斑块构造（单偏 26×）

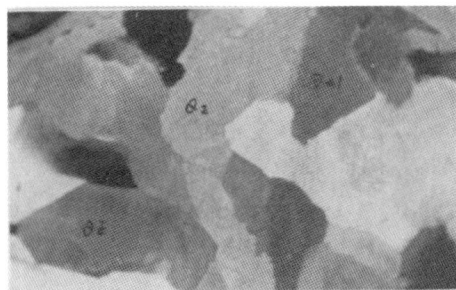

9. 石英（Qz）与白云石（Dol）呈它形粒状，两者共生镶嵌，充填于容矿岩石裂隙中（正交 63×）

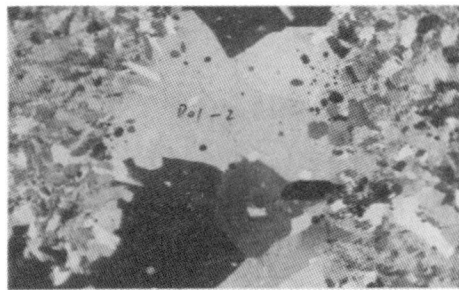

10. 不同阶段蚀变的白云石，穿插关系。早阶段蚀变的白云石脉受动力产生挫断，受后阶段蚀变的白云石脉（Dol-2）穿插（正交 26×）

11. 石英交代重晶石，重晶石呈残余状（单偏 63×）

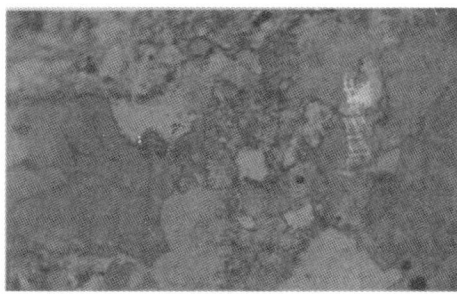

12. 重晶石、白云石、石英的交代关系，重晶石被交代后的残余构造（单偏 63×）

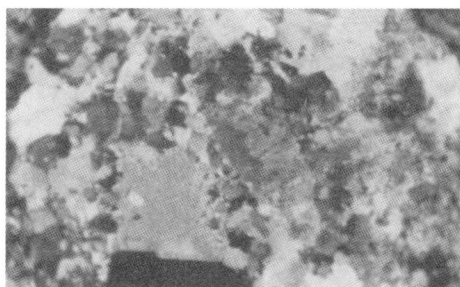

13. 黄铁矿与白云石共生，受硅化石英穿插交代（正交 63×）

14. 石英脉切断黄铁矿脉及白云石脉。黄铁矿脉和白云石脉都具断裂和小的位移，石英沿断裂隙呈脉状产出（正交加石膏试板 33×）

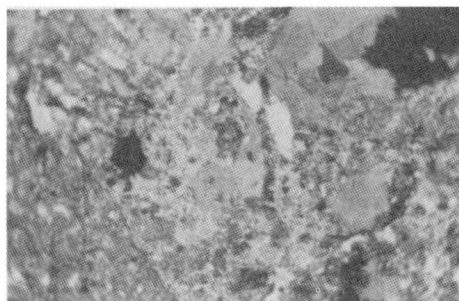

15. 石英、绢云母共生，交代白云石，形成交代残余结构（正交 63×）

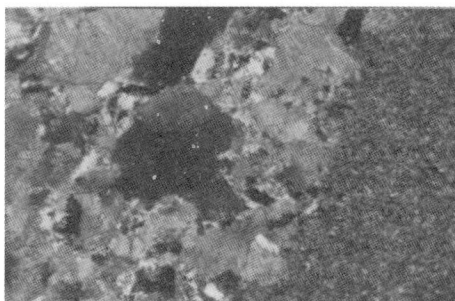

16. 石英、绢云母共生，交代白云石。白云石交代残余结构（正交 63×）

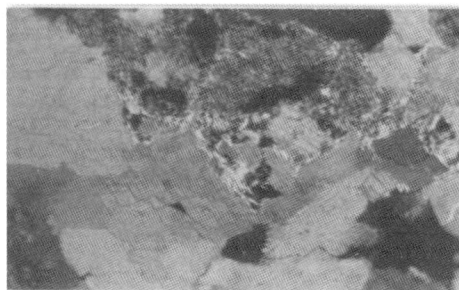

17. 绢云母与石英共生，沿白云石解理、裂隙充填交代（正交 63×）

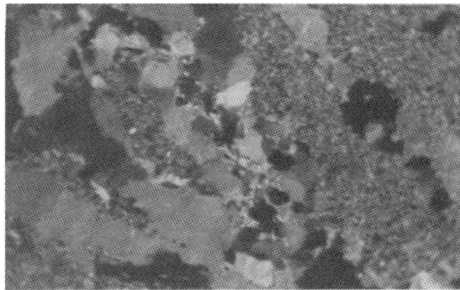

18. 绢云母与石英共生，呈细脉状分布并交代白云石（正交 63×）

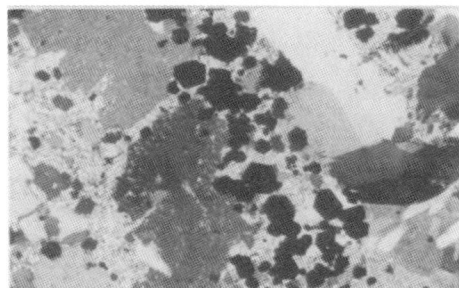

19. 绢云母、石英、黄铁矿三者共生，沿白云石晶粒边缘及间隙交代，显示交代结构（正交 63×）

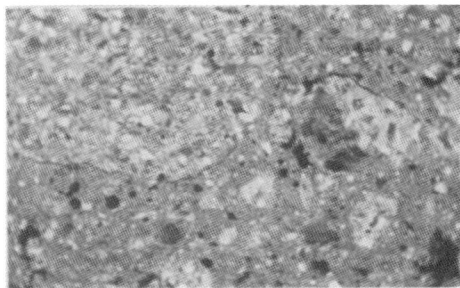

20. 由泥质粉砂岩组成的构造角砾，具黄铁矿化、硅化、白云石化（正交 26×）

21. 重晶石与白云石共生，于含粉砂岩黏土岩中呈角砾状碎块（正交 40×）

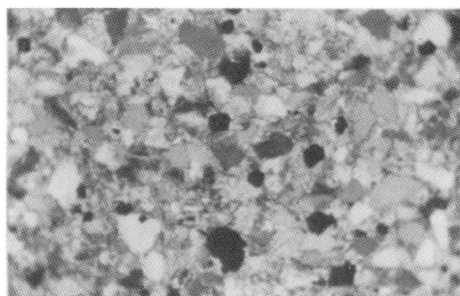

22. 石英呈脉状，黄铁矿呈浸染状，分布于弱硅化细粒石英杂砂岩中（单偏 26×）

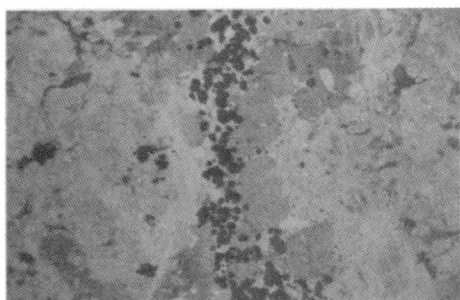

23. 黄铁矿、绢云母、石英三者共生，呈脉状，分布于白云石晶粒间隙中(单偏 26×)

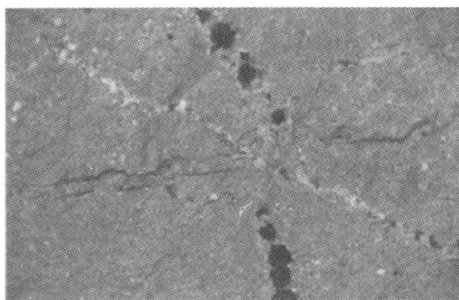

24. 黄铁矿呈自形粒状，形成细脉，浸染分布于白云石脉及容矿围岩中(正交 26×)

25. 脉状黄铁矿，裂隙中有石英、白云石分布(单偏 26×)

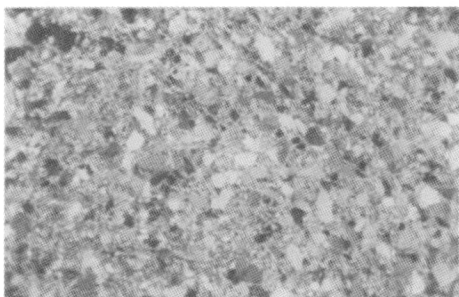

26. 细粒石英杂砂岩，砂状结构，块状结构(正交 26×)

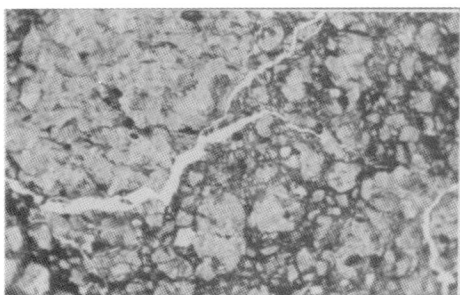

27. 细粒石英砂岩中的碎裂结构(单偏 26×)

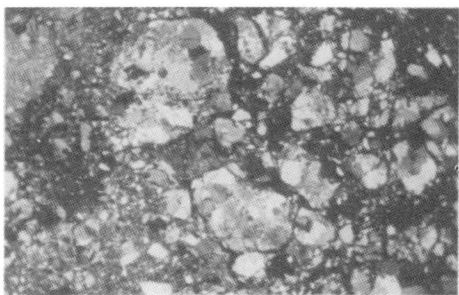

28. 中粒石英砂岩中是碎斑–碎粒构造(正交 26×)

29. 细粒石英砂岩，砂状结构，块状构造，胶结物（杂基）中含多量黏土（正交 63×）

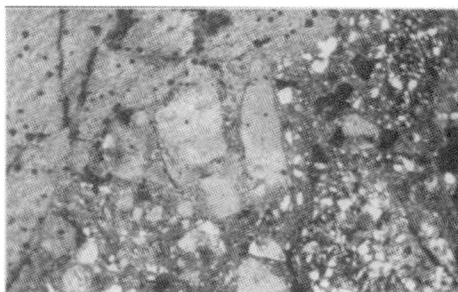

30. 黏土岩受构造破碎呈角砾状。其中有黄铁矿浸染及蚀变矿物分布（正交 26×）

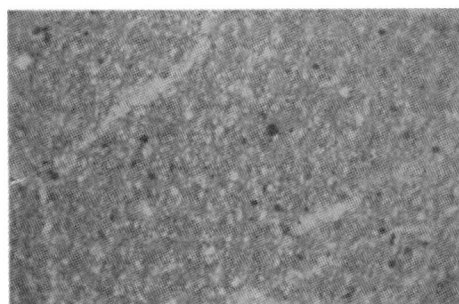

31. 泥质粉砂岩，具硅化、白云石化。黄铁矿呈点状浸染分布其中（单偏 26×）

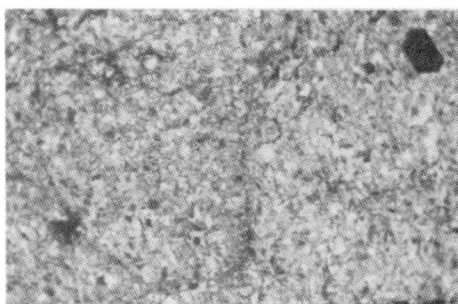

32. 泥质粉砂岩，泥质粉砂结构，块状结构（正交 26×）

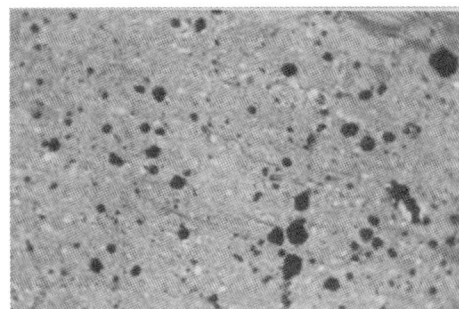

33. 含粉砂质黏土岩，黄铁矿呈稀散浸染状分布其中（正交 26×）

34. 碎裂黏土岩，裂隙中有石英、白云石充填交代（正交 26×）

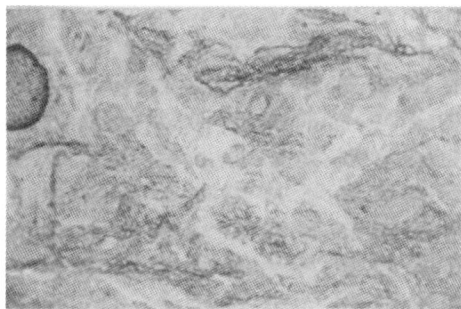

35. 碎裂含粉砂质黏土岩, 含粉砂泥质结构, 碎裂构造(单偏 26×)

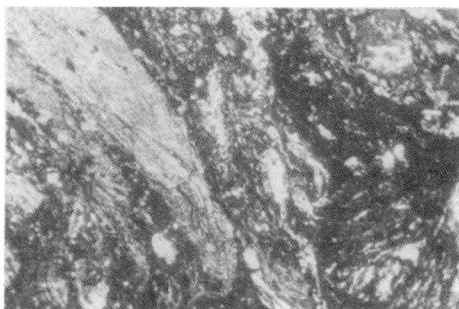

36. 黏土岩中的动力炭化作用。炭质呈土状, 岩石中破劈理与揉皱发育(单偏 26×)

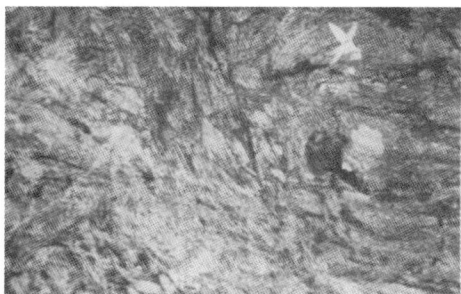

37. 黏土岩中的挤压揉皱构造(正交 26×)

图书在版编目(CIP)数据

云南巍山县扎村金矿床成矿规律与成矿预测研究 /
丁星妤,杨广全,胡文君著. —长沙:中南大学出版社,
2021.7

ISBN 978-7-5487-2358-5

Ⅰ. ①云… Ⅱ. ①丁… ②杨… ③胡… Ⅲ. ①金矿床
—成矿规律—研究—巍山彝族回族自治县②金矿床—成矿
预测—研究—巍山彝族回族自治县 Ⅳ. ①P618.510.1

中国版本图书馆 CIP 数据核字(2021)第 099095 号

云南巍山县扎村金矿床成矿规律与成矿预测研究

YUNNAN WEISHANXIAN ZHACUN JINKUANGCHUANG CHENGKUANG GUILÜ YU CHENGKUANG YUCE YANJIU

丁星妤　杨广全　胡文君　著

□责任编辑	刘小沛	
□责任印制	唐　曦	
□出版发行	中南大学出版社	
	社址:长沙市麓山南路	邮编:410083
	发行科电话:0731-88876770	传真:0731-88710482
□印　　装	长沙市宏发印刷有限公司	

□开　　本	710 mm×1000 mm　1/16　□印张 9.75　□字数 171 千字	
□互联网+图书	二维码内容　字数 1 千字　图片 13 个	
□版　　次	2021 年 7 月第 1 版　□2021 年 7 月第 1 次印刷	
□书　　号	ISBN 978-7-5487-2358-5	
□定　　价	47.00 元	